Jiaoshu Zhaji
教书札记

任福田 著

人民交通出版社

内 容 提 要

本书记述了任福田先生近60年来从事教学工作、科研工作的经历及体会。分创办专业、学科建设、科学研究、获奖等几部分进行了介绍，并附有任福田先生具有代表性的论文作品11篇，供读者赏读。

图书在版编目(CIP)数据

教书札记 / 任福田著. —北京：人民交通出版社，2013.7

ISBN 978-7-114-10751-1

Ⅰ. ①教… Ⅱ. ①任… Ⅲ. ①交通工程学－文集②交通工程学－教学研究－高等学校－文集 Ⅳ. ①U491-53

中国版本图书馆CIP数据核字(2013)第145738号

书　　名：教书札记
著 作 者：任福田
责任编辑：卢仲贤　任雪莲
出版发行：人民交通出版社
地　　址：(100011)北京市朝阳区安定门外外馆斜街3号
网　　址：http://www.ccpress.com.cn
销售电话：(010)59757973
总 经 销：人民交通出版社发行部
经　　销：各地新华书店
印　　刷：北京虎彩文化传播有限公司
开　　本：720×960　1/16
印　　张：6.5
字　　数：83千
版　　次：2013年7月　第1版
印　　次：2019年5月　第2次印刷
书　　号：ISBN 978-7-114-10751-1
定　　价：30.00元

自　白 *ZIBAI*

1934 年，我出生在一个贫穷的农民家庭里。父母以当年送儿参军的精神供我读书，国家培养我上了大学。我记着：努力学习，踏实工作，孝敬父母，报效国家。

1960 年，我被选为预备教师，2008 年离开教师岗位，从教 47 年。我像渡口船夫摆渡乘客那样，送走一届一届的学生。每每看见青年人满怀希望地走出校门，听到他们愉快的生活、有成效的工作，由衷地为他们高兴。回忆学生绽放的花朵是一种享受。

我做过多项课题的研究，有过百思不得其解的苦苦求索，也有过认知升华带来的快乐，付出过辛劳，也有收获。

1979 年，我创办交通工程专业，为无数青年从业施展才能开辟了一片天地。我见证了交通工程专业的诞生、成长、壮大。现在全国已有上百所大学设有交通工程专业。有些学校能培养交通工程博士。为此我很开心，也终于放心，至此，我们办成了一件事。

在求学、工作的历程中，我得到过长者的提携，同学、同事、学生、朋友们多有无私相助。我心存感激，谢谢您们！

1953 年，我考入河北水利土木工程学校，在那里认识了薛宗蕙，找到了人生伴侣。1956 年，我俩同被保送到南京工学院深造。1962 年结婚。60 余年了，我们没争吵，一直过着平淡幸福的生活。她支持我工作，离开熟悉的公路与城市道路专业，去教力学;她关心我,承担家庭重负,教养了两个儿子。老伴您辛苦了!

2013 年,我八十岁。朋友们相约聚会、座谈。我出版这本“教书札记”小册子,作为纪念。

任福田

2013 年 6 月

目　录

一、作 教 师

1956年7月，我从河北水利土木工程学校毕业，本应到建设单位去工作。当时，正值国家大规模建设，需要技术人员，我被保送到南京工学院上大学。1960年4月，我在公路与城市道路专业四年级读书时，学校计划向国防系统发展，决定从在读学生中选拔一批青年教师，我又被选中了。从此，我到土木系道路教研室当了一名大学教师。我先在母校当助教，后于1966年4月调到北京工业大学土木系任教，并逐级晋升到教授，直到退休，一干就是47年。

我热爱教师职业，尊敬老师，给自己勾画了奋斗目标。

教师要爱学生，关心学生的身体健康、思想修养、学业进步；教师要保护学生的创新精神及其取得的成绩。

学生一生中只有一次机会听教师讲授某门课程，教师不能误人子弟，因此，教师除修身养性之外，在业务方面要做好以下两件事。

第一，注意每个教学环节，讲好课，在学生面前站稳讲台，让学生喜欢听你讲课，传颂你的讲课艺术。

第二，持续做研究，发表文章，提高学术水平，更新教学思想，充实教学内容，在同行中寻求立锥之地。

几十年间，我按这种要求律己，努力争做合格教师。我从教期间担任过辅导员，指导过学生课程设计和毕业设计，带领过学生实习，先后讲授过道路线形设计原理、路基路面设计、城市道路设计、交通工程学、交通工程心理学、交通系统分析等课程。每次开课，我都根据教学大纲，参考相关书目，在正确理解教材的基础上，写出讲稿；分清课程基本内容，分散难点、重点，写出教案；并预做留给学生的习题；填写教学日历。新教师第一次上课，要通过试讲。

教师讲课要随时注意讲课效果，了解学生课堂掌握知识程度，发现问题及时解决，不要期末“算总账”。

用多媒体课件讲课有其优点，但并不是所有课程或课程的所有内容都适合用 PPT 讲解。如叙述性内容、构造结构、图表等类内容宜用 PPT，至于公式推导之类的内容，则不宜强用。学生听课时，无法在笔记本上记下听课内容，则不利于复习。看电视时间长了，眼睛都会疲劳，何况看 PPT。

我任教 47 年，参加过几十个班的教学活动，送走了 1000 多名本科毕业生，培养了 90 多名硕士生、30 多名博士生。

学生们说我讲课表达清楚、动听，同仁们反映我爱护学生，有责任心。在从教的过程中，我得到过多项建工学院、学校和北京市的教学奖励；并于 1993 年开始领政府特殊津贴；1994 年被评为北京市有突出贡献专家；1995 年被评为北京市优秀教师；2006 年我编写的《交通工程学》被评为北京市精品教材。

二、创办专业

1. 创办专业经历

起初我所任教的专业是公路与城市道路专业。1979 年，学校要求创办新专业，办市属高校中没有的专业，这曾一度令教师们感到迷茫。同年 4 月，原国家教委邀请美国交通工程专家张秋先生回国讲学，讲授的是交通工程学。张先生先赴同济大学，后移师西安公路学院。我们教研室派蒋璜、肖秋生和我三人到同济大学听讲。张先生讲授交通工程的内容，侧重解决交通问题。

我们回校后，结合国家发展具体情况，经过多次讨论，决定停办公路与城市道路专业，创办交通工程专业。办新专业，筹备工作繁杂。明确培养目标、编制教学计划、安排实习场所、组织教师学习等都需要时间，因此当年没来得及招生。

1980 年暑期，我校正式招收交通工程专业第一班学生，学制五年，1985 年毕业。在美国的魏恒、王军、刘逐强，北京市城市规划设计研究院的李伟、赵彤宇，北京市政专业设计院的谢青，北京市公联公司的周克峰，北京公安交通管理局的王志宽、林辛，北京市科学技术研究院的张大高，北京公交公司的魏民、徐元春等人都是该班的毕业生。

2. 办学方向

交通工程专业招生之初，我们对交通工程专业的性质有待统一认识。

在国外，交通工程只包括交通规划、交通管理内容。如果把建设一条路的工作流程比作一条鱼，则交通工程涵盖鱼头和鱼尾两部分，不包括中段。即交通工程只涉及规划设计和运营管理，不包括道路施工。北京工业大学是市属大学，为北京市服务，考虑到交通工程专业的部分毕业生要到工程部门工作，交通工程学科本身也涉及工程内容，比如拓宽交叉路口，涉及道路工程，设置交通标志，安装护栏与结构工程等，因此我提出我们办的交通工程应“工管兼容”。于是将该主张编入教学计划，并在交通工程教学指导委员会的会议上得到认可，委员们认为北京工业大学交通工程专业办学方向符合中国实际情况。

3. 学科定义

交通工程学科的性质确定后，如何定义学科又是一个问题。美国给交通工程的定义是：交通工程学是工程学的一个分支。它研究道路规划、几何设计、交通管道和道路网、终点站、毗连用地与各种交通方式的关系，以便使客货运输安全、有效和便捷。美国这种定义是从交通工程研究内容和目的着手。英国、澳大利亚、日本和前苏联虽然各有不同的定义，但都未能概括该学科的全貌。从研究内容定义学科罗列内容，嫌说的不到位；罗列内容多，又显啰嗦。从研究目的定义学科，罗列内容少，也嫌说得不到位；罗列内容多，又显啰嗦。从研究目的定义该学科，也很难表达确切。我认为应从学科内涵上定义交通工程学：交通工程学是研究交通规律及其应用的一门技术科学。研究交通规律是认识交通；应用交通规律是改善交通。该定义已被交通工程界同仁在教学中、著作中所应用，并已编入中国大百科全书。

4. 编写教学计划

教学计划是培养学生的模型，决定了学生学什么，毕业后能干什么。在国外，本科招生没有交通工程专业，学习交通工程课程的多为土木系学生，考取研究生后，才设交通工程专业。因此，我们拟编写的教学计划没有参考资料。当时，我有一个明确的想法，即要学以致用，教学计划所列内容，要针对学生毕业后的工作所需。不能害了学生，让学生在学校学许多课程，而在工作中用不着；而需要用的知识却学得少或没学。于是，我们归纳了交通工程专业学生毕业后所去的任职单位，梳理了工作内容，参照国外土木工程系的课程设置、交通工程学科研究生的课程安排和国内公路与城市道路专业的教学计划，编写了第一份大学本科交通工程专业的教学计划。实践证明，这份教学计划可用，并已被后续开办交通工程专业的学校参照。

5. 写教材

交通工程是新办专业，学生需要教材，社会上需要交通工程学科的参考书。可是编写一本系统介绍交通工程学科知识的书并非易事，国内没有类似书，人们正在学习交通工程，缺少专业人才。1982 年，应教学急需，我邀请东南大学徐吉谦，同济大学徐慰慈，北京工业大学的朱长仁、刘运通共同编写了《交通工程学讲义》。此时，中国建筑工业出版社正在组稿，拟出版交通工程类图书。谭璟编审找到我，希望和我签约。当时，我对交通工程知之甚少，正在学习，故没敢答应出书。我想，先写本讲义，在教学过程中仔细推敲，增补遗漏，删减冗杂，然后，根据讲义使用效果，再加工整理出书。这样做我心里才能踏实，才能减少书中错误。1984 年，讲义在 1980

年入学的8043班用过后，谭老又约我，动员我出本《交通工程》。这时才谈起，当年谭老与我签约未果之后，与某校一位老师签订了出版《交通工程》合同，然而，合同虽然签了，但作者却迟迟交不出书稿，一拖再拖，直至中止合同。这时，我考虑到讲义已用过一遍，对交通工程学科体系及有关内容也有了更多了解，又考虑到社会需要，便答应将讲义加工成一本书，定名为《交通工程学导论》(以下简称《导论》)，共计14章，42万字，由中国建筑工业出版社于1987年出版。

《导论》是结合我国国情撰写的第一本系统阐述交通工程学的书籍。

《导论》在我国奠定了交通工程学科体系，为其后出版的交通工程书勾画出了框架。

《导论》的问世，得到了同行的认可，图书出版后，很快重印。遗憾的是，因忙于教学、科研和学科建设，没能将该书及时修订，一直到退休后，才着手修订再版。此时，已时过境迁，只好重写一本，定名为《新编交通工程学导论》，由中国建筑工业出版社于2011年出版。此外，我还写过《城市道路规划与设计》《交通工程学》《交通工程心理学》等教材。

三、学科建设

1. 我心目中的学科

在我心目中，一个学校、一个学院、一个学科优秀与否，要查看两点：其一，学科有没有几个这样的人——国家在这个学科有事找他们商量，有活交给他们干，有问题委托他们去解决；其二，有没有为攻克专业前沿技术难题进行科学试验所必备的先进的仪器设备。

具备这两点的学科方可称得上是技术实力强，学术水平高，有影响力的学科。否则需要继续努力建设。

学科建设需要集体出力，它是一个漫长的过程，在建设过程中会遇到各种情况和各种意见，这需要带头人心中有数，牢牢把握方向。在这个过程中要明确两个问题：谁最关心专业？谁最了解专业？

毋庸置疑，学校领导关心专业，学院领导关心专业。但最关心专业的应当是搞专业的那些教师，他们不会因各级领导变更而改换专业，他们从事的专业，是一生工作的选择，他们必然去了解学科发展，把摸学科发展的脉搏。所以，这些专业教师的意见最重要。

我们国家有过很多沉痛的记忆，当年有的地区，推行旱田改水田，公社领导积极推动。当地农民提出不能改的理由，领导不予采纳，坚持己见，期盼多产粮食。之后领导因推动该项工作有了成绩，升迁了，调离公社。到秋后，结果粮食减产，老百姓挨饿了。这种事，应防止在学科建设中出现。

1985 年我坚持招进来的新教师要有研究生学位，如果是本科生，一定安排他去读研究生。这样做为一些人所不理解。1985 年，我向我校自动控制系要一个毕业生，当时我与负责毕业生分配工作的老师说：请与学生说明，到我专业报到后，会安排他读研究生，如他不同意，请不要来。这话被一些人不理解：单位招聘，是为了干活，害怕年轻人一报到就提出去学习进修之类的事，你可好，主动安排新来的人去学习。我的理解，古人云：名师出高徒。欲培养高水平、高质量的学生，教师素质及其学术水平至关重要。随着时代的发展，我们陆续聘请了具有博士学位、有博士后经历的人、有国外进修经历的人做教师。

学科建设区分为各个阶段，如硕士点，二级学科博士点，一级学科博士点，博士后流动站，省市重点学科，国家重点学科等。

2. 凝炼学科方向

交通工程学科包括的内容很多，涉及交通运输部、住房和城乡建设部、公安部等几个部要主管的工作。我们凝炼出交通安全、交通规划和交通设计理论作为学科发展方向。

(1)交通安全

交通安全是我们学科标志性的发展方向。“爱情是文学艺术创造的永恒主题。”我认为“交通安全是交通研究的永恒主题”。围绕交通安全研究，我申请了国家自然科学基金课题：交通安全控制理论、交通事故经济损失计量分析，驾驶行为与交通安全。同时签约了横向课题：我国道路交通事故特点及其规律，交通事故预测、预报及预防，高速公路交通事故成因分析，高速公路交通事故自动探测等。

交通安全研究的特点，是运用系统工程、信息理论、控制论的原理和方法，综合分析影响交通安全的道路条件、用路者条件、交通条件和环境条件等诸多因素，揭示产生交通事故的机理和事故发生规律，科学地预测交通事故，从而形成在宏观上可控制道路交通安全水平，在微观上能指导制定预防道路交通事故，提高道路交通安全的对策，旨在最大限度地提高道路交通安全水平。

(2)交通规划

交通规划是研究在一定土地使用条件下，交通需求与交通供给的平衡关系，我们侧重于交通枢纽规划理论与方法的研究。研究客货运枢纽的选址，客货运枢纽内部规划，期望客货运输提高满载率，减少空驶里程和转运次数。期望换乘畅通、安全、节省时间。我们的科研成果：人-机参与客运枢纽选址方法，货运枢纽布局理论与方法。这些成果在实际枢纽规划中已得到应用。

(3)交通设计理论

交通设计理论是交通设施设计和交通组织设计的理论基础。我从工效学在交通工程中的应用着手，研究人的交通出行需求与驾驶人的交通特性，组织教师研究灯控路口直行车队的行驶特性、灯控路口通行能力、高速公路通行能力、公交线路通行能力，同时，开展交通评价方法的研究。

1979—1988 年，我一面统一大家对办交通工程专业的认识，一面进行学科建设。有些教师认为交通工程专业界定不明确，没发展前途，仍留恋公路与城市道路专业，这要花精力做沟通工作。到 1988 年夏天，一部分教师离开了交通工程专业。

1989 年夏—1993 年，交通工程学科只有八九个人，但大家想法一致，有明确的奋斗目标，互相帮助，勇挑重担，工作忙碌，辛苦，但心情好。学科建设日见成效。

1994 年 6 月交通工程学科被北京市教委评为重点建设学科。

2003 年 9 月交通工程学科被评为北京市重点学科。

3. 建立博士点

经过十多年的奋斗，交通工程专业有了明确的发展学科，且各个学科方向，都沉积了科研成果、奖项，发表有文章，出版有著作，已培养多名硕士研究生，有专业试验室，有稳定人员，在全国同行中有影响。临近申报博士学位点之前，学校找了一些条件好的专业作汇报，交通工程专业在其中。学校听了汇报后，推荐了几个专业向国务院学位办公室申报建立博士学位授权点，交通工程在推荐之列。

1993 年，我们向学位办提交了申报材料。据知，同济大学同年也申请建立博士点。同济大学朱照宏教授是公路、铁路和水运学科评审组成员。学科组评审结果：北京工业大学、同济大学都未获准。

继续努力。1994 年，北京工业大学在北京首都宾馆主持召开了世界非机动车交通研讨会，有 20 多个国家 90 多位代表参加，我被推为大会主席，刘小明任大会秘书长。会议很成功，进一步扩大了我校交通工程专业的知名度。

1995 年，我们再次申报博士点。这次全国有 4 个学校申报：北京工业大学、同济大学、东南大学、西安公路学院。这次评审增加了函评程序。先通信评议，得分最高者，才被拿到会上评议。事后得知，北京工业大学函评得分最高，理应只有我们学校上会参评。不知何故，经过一番协商，4 个学校的申请均拿到会上作了评议。同济大学、东南大学有评委参加评审，北京工业大学、西安公路学院无评委参加评审。经过表决，未评出哪个学校设交通工程博士点。学科评审组提请学位办公室处理此事。会后，学位办又进行了一次函评，评出北京工业大学、东南大学、同济大学三校都设博士点。此时，已到了1996年，从第一次申报博士学位点到获准，历时3年。

1979年，创办交通工程专业时，全国高校专业目录上有上千个专业，交通工程是试办专业，编号518，意即办得下去就办，办不下去就停办。1998年，调整专业目录后，此时全国仅剩200多个专业，交通工程成为正式专业，说明国家需要该专业。1996年，又批准在三所高校建立交通工程博士点，该专业的学位教育，从学士、硕士到博士，已齐全。办专业的这件事已尘埃落定。

博士点申报获准后，我心中的一块石头落地。在办交通工程专业的过程中，我坚持无论有多大困难都要办下去。办一个专业，花了17年。有人说我坚持意见，此时，我在不同场合都说，今后在专业发展的问题上，我有什么想法都会提出意见，大家认为可行，则办，不可行，则不采纳；我不再坚持意见了，因为我没时间证明我的意见是可行的。

4. 建设试验室

我基于对试验室重要性的认识，在建设学科的过程中花气力建设试验室。交通工程专业是新办专业，作为专业组成部分的试验室也是新的，没有已建成的试验室可参照，只能根据教学需求与科研所需去摸索。

交通测量试验室，测量行车速度、交通量、车流密度、行车时间、行车延误、通行能力等数据，相应购进测速仪、流量计、计时表、摄像机、GPS等。

心理生理试验室，测量驾驶人的某些基本数据及其变化，如视力、视野、视力适应、反应时间、操纵能力、生物电流等，并配备相应仪器。

驾驶模拟舱，测量驾驶人在行驶过程中对交通环境的反应，及其所处状态。1995年，我们开始酝酿筹建驾驶模拟舱，请陈永胜两次去挪威，后经北京市政府采购，买了一台模拟舱，不想机器运到天津港时，海关却认为是走私汽车。一辆没有发动机的空车壳，怎么能看作汽车呢？经过近一年的交涉，我们才领回模拟舱。开箱后，发现有些配件已丢失。于是请挪威技术人员帮助安装、调试，使之运转起来。我最先使用驾驶模拟舱做的试验是测量驾驶人对道路景观的反应。

2010 年 12 月，北京理工大学与德国慕尼黑大学联合召开辅助驾驶与交通安全学术会议，在晚餐会上，我有个发言，其中谈到，15 年前，我开始研究人的交通特性，建模拟舱。当时人少、钱少、课题少，有人不看好这项研究，更对花几百万元买驾驶模拟舱不认同。而如今，有这么多人从事这项课题的研究，形成了队伍，并做出了成果，进行国际交流。我又得知国内有多个单位在建交通模拟舱，甚是高兴。

在我退休时，以上三个试验室基本建成。另有交通安全室、交通控制室在继续建设中。张金喜教授来校之后，我委托他建道路试验室，很有成效。其中有关路面状态检测的仪器，如弯沉仪、路面摩擦系数仪、平整度仪、测裂缝的仪器，都已备齐。

2001 年 12 月，交通工程试验室被评为北京市重点试验室。在全国高校交通工程试验室行列中，属于试验仪器先进、试验项目多的试验室。

5. 一级学科

交通运输工程是一级学科，是从公路、铁路和水运学科组基础上建立的，下属 4 个二级学科：道路与铁道工程（082301），交通信息工程及控制（082302），交通运输规划与管理（082303），载运工具运用工程（082304）。我认为这 4 个学科彼此间的区别比较大。道路与铁道工程和交通运输规划与管理这两个学科与土木工程关系密切；交通信息工程及控制属于自动控制与计算机系列；载运工具运用工程与机械工程无论哪个二级学科筹建一级学科都有困难。要想建立这种一级学科,需要学校主持组建,调动不同学院的资源,方可奏效。我们从交通运输规划与管理二级学科博士点,到获准一级学科博士点,用了比较长的时间。而且建立的一级学科博士点也是虚的,缺少完整、实际的内容。据了解,其他高校也有类似情况。这也说明交通运输一级学科的 4 个二级学科,分属于不同学科,内在联系少,需要调整。

四、科学研究

我先后研究过国家自然科学基金课题、国家科技攻关课题和部委机关的课题。最初接触的课题是有关水泥混凝土路面方面的。1979 年创办交通工程专业以后开始围绕该专业有关课题开展研究工作。

1. 道路通行能力

1982 年，蒋璜教授招了刘国新、章三乐两名硕士研究生，其选题分别是：典型灯管路口通行能力和路口直行车队的交通特性。说来也巧，同济大学研究生选题为冲突点法计算路口通行能力，东南大学研究生选题为用间隙穿插理论计算环形交叉口通行能力，西安公路学院研究生选题为小型环岛的通行能力。各校最初招的研究生，不谋而合地研究通行能力。其实这并不奇怪，因为交通工程研究通行能力，道路工程也研究通行能力。

我们与交通部公路科学研究所合作，研究公路适应交通量，其成果纳入了公路技术标准，成为公路分级的依据。东南大学、交通部公路规划院等单位合作研究“九五”攻关课题——公路通行能力，历时 5 年，成果丰硕，该课题获国家科技进步二等奖。我们承担的子课题，提出了高速公路车辆当量换算的理念与计算方法，构造了高速公路路段通行能力模型，并标定高速公路路段通行能力为 2400pcu/h，提出划分服务水平的标准和交织路段通行能力的分析方法。

在研究道路通行能力的过程中，我对何为通行能力有了本质性理解。道路通行这个参数，与容器的容量、管道的输送能力、梁的承载能力不同，在实际应用中极难测到最大值。因为车辆类型、特性、车况、车龄等因素，都会影响通行能力数值的测定。此外，驾驶人的性别、年龄、性格、驾龄、技术熟练程度等变化莫测，这种变化也会影响道路通行能力的取值。所以，研究报告和文件中提供的道路通行能力数值，是人为确定的，是合情合理的取用值。早在 1984 年，我在《交通工程讲义》中，明确提出影响道路通行能力的因素，除道路条件、交通条件、管制条件之外，还有人为度量标准。

1985 年，美国出版了第三版《道路通行能力手册》(以下简称《手册》)。《手册》中对通行能力的定义为：通常，一种设施的通行能力，规定为在一定时段和通常道路、交通、管制条件下，能合情合理地期望人和车辆通过道路一点或均匀断面上最大小时流率。这一定义明确说明，道路通行能力是人们合情合理期望通过的数值，显示了人为度量标准。由此可见，美国同行在不同地点、不同时间、不同研究过程中，与我们得到的结论相同。

2. 交通安全

"爱情是文学艺术创造的永恒主题。"交通安全是交通研究的永恒主题。所以，我选定交通安全作为我学科的一个主要研究方向。20 世纪 80 年代，因交通事故致死一个人，赔偿几万元。从某种意义上说，当时我国一个人的生命值几万元。而在发达国家，如美国，当时因交通事故致死一个人，要赔偿上百万美元。2010 年报道，在美国一个人生命的标价：食物与药品署标为 790 万美元，环保署标为 910 万美元，交通部标为 610 万美元。研究交通安全，关爱生命，减少交通事故和死亡人数，是造福积德，减少国民经济损失的大事。

我最初申请的中国自然科学基金课题是交通安全控制理论，该题来源于行政命令关于每年交通事故少死多少人，每年交通事故递减死亡人数能维持几年的要求。这种要求科学吗？于是我想到在一个地区、一个城市的道路条件、车辆保有量、管理水平、人们的安全意识一定的条件下，每年交通事故死亡多少人，大家可以接受。交通事故死亡人多于设定数，则工作没到位；死亡人少于设定数，则应表扬。同样，要想减少交通事故死亡人数，应该估计需要投入多少。这样就可根据具体条件，控制交通安全水平。

影响交通安全的因素很多，其中发现在按现行理论、现行技术标准设计修建的道路上，屡屡发生与道路条件有关的交通事故。这令人深思，不得不质疑现行道路设计理论，经分析大量交通事故肇事原因之后，提出了道路线形设计新理论。

现行道路线形设计理论，以汽车为对象，需满足汽车行驶对道路的要求，保证汽车行驶安全。然而，能满足汽车行驶安全，不一定能满足人的出行安全。

道路线形设计新理论，以用路人为对象，满足人出行时的生理心理要求，能保证人的出行安全。能满足人的出行安全要求，一定能保证汽车的行驶安全。

旧理论静态地、孤立地设计线形各个元素。

新理论动态地、协调地设计整个线形。

道路线形协调是指线形设计与环境协调，且线形本身协调。

线形本身协调须满足两个条件：一是看上去顺适；二是需满足协调系数要求，即 $1.25 > \frac{V_2}{V_1} > 0.8$。其中，$V_1$ 是先经过的路段能提供的车速，V_2 是后续路段能提供的车速。

由协调系数导出了公路技术标准规定的复曲线两半径之比 $\frac{R_1}{R_2} \leqslant 1.5$。

其中，R_1 为小曲率曲线段的半径；R_2 为大曲率曲线段的半径。

3. 城市交通规划体系

1987 年，北京市立题：城市交通综合体系规划研究，下列 26 个子题。也是在这个时期，原建设部立题：大城市综合交通规划模式研究。我们在前一课题中承担城市交通综合评价体系的研究，学习、分析了有关理论、方法，最后用综合效益方法拟定了评价体系，筛选了评价指标，搜集了大量数据，提出了评价方法。经试用后表明，我们提出的评价方法能比较客观地评述评价对象的交通发展情况。

在研究评价理论与方法的过程中，除综合效益法之外，也涉及其他方法。杨孝宽的研究生论文是交通系统模糊综合评价方法，戴冀峰的研究生论文是道路网模糊评价方法，罗江涛的研究生论文是道路交通安全灰色评价方法研究。一种评价方法实用与否，有两点至关重要。

(1) 在能说明问题的前提下，选用指标越少越好。指标越多，更新数据越频繁，付权重难，指标间难免有相关性。例如，说明道路建设水平的指标有道路面积率、道路总长度、道路网密度、人均道路面积、车均道路面积等。这些指标各适用于评价某特定对象，不是在一个评价方法里重复选用。联合国粮农组织评定一个国家的穷富，只用一个恩格尔指数 n，即看用于食品支出占收入的比例。当 $n>59\%$ 时即为贫困，当 $n=30\%\sim40\%$ 时即为富裕。这是何等概括的指标！一般人若做这项评价，恐怕选一箩筐指标都嫌少。尤其是初接触评价，往往会选用很多指标，生怕考虑不周。

(2) 尽量减少主观因素，努力扩大客观因素。评价方法主观因素多，会出现因为而异的结果，这是我们最不希望见到的现象。

在研究城市综合交通规划模式的过程中，我们对交通枢纽规划理论与方法进行了系统研究。此前，交通枢纽多指道路交叉口，实际上，城市交通方式有公共电车、公共汽车、地铁、轻轨、铁路、对外交通，还有航空。因此，交通枢纽不局限于道路交叉口换乘路线及改变方向。客运枢纽是乘客集散、转换交通方式和线路的场所。我们提出了城市客运枢纽选址方法，明确了枢纽功能。同时提出城市物流中心的选址模型，填补了城市交通枢纽规划理论与方法。

五、翻译外文

我翻译过俄文科技书和论文，也翻译过英文书和论文。我的俄语是在读中专和大学时学的。1963 年我通过了南京工学院对青年教师要求的俄语考试。我的英语是自学的。俄语方面，我可以翻译我所学专业之外的科技书和论文；英语方面，我只能翻译我所学专业的科技书和论文。

我在大学读书时，订了一份俄文公路杂志（ABTOMOEYJJI6H6LEII-oporn）对照《公路》上的文章，有时也动笔翻译。

对文学艺术而言，翻译是再创作。

对科学技术而言，翻译不仅仅是查查字典，看看语法就能做的事。

我没系统学习过翻译理论，在实践中摸索了很长时间，对翻译不得其门而入。我的大学老师方福森教授，外文水平很高，精通波兰文、英文，新中国成立后，他又学了俄文。我看他翻译的俄文教科书《公路设计》中，没长句子，没倒装句子，没有译文的感觉。真正悟出什么是翻译，还是经历了下面这件事之后。

1964 年，方福森老师受人民交通出版社的委托，翻译一本俄文养路手册。他把任务分给了几个青年教师，我是其中之一，待译出草稿后，我整理成册后交方老师审校。我发现方老师不是一边看原文，一边看译文，而是只看译文，边看边改。有时瞅瞅，不明其意时，再翻开原文，相互核对。他这样审校，我想了好长时间，才悟出点道理。通常论说翻译的标准是“信、达、雅”。我理解是用规范的语言，正确、通顺地表达原文的内容。若果然如此，方老师的学识可以编写这类专业书。他看译文内容可信，论述无误，语言通顺，应当说译文已达到标准要求。只是在有歧义的地方查核原文，按原文校正，没必要一字一句地对照原文。

我想过，最早如何翻译？应当说是以实物、具体事情作媒介。例如，我们指着书桌说书桌，英美人指着中国人的书桌说 desk。中文的书桌与英文的 desk 指的是同一物件，于是，书桌与 desk 可以互译了。因此，翻译最重要的是把事情弄懂，说明白，不是查查字典就可了事。外文字汇，随着科技发展，不断出现一些新字，字典上未来得及收编，字典上查不到，怎么办？原文时有笔误、印刷错误时，不能照原文翻译，应当改正，怎么改？这些都要以事实为依据。我记得，1981 年在翻译《交通流理论》那本书时，因为刚开始学习交通工程的知识，那本书又是理论性很强的一本书，所以参加翻译的人，除自己翻译的章节外，对其他同志的译文都要校阅。我见到一个度量电磁波的单位 nm，被译成海里，认为误译，于是查字典，字典上写着 NM 意为海里，三海里 =1853.2 米。尽管如此，我仍怀疑。基本知识告诉我，微波通讯比长波、中波通达的距离远，若以海里度量波，哪有通讯可言。我向物理教师求教，查字典，查国际度量衡单位，最后查到 nm 是纳米，是10^{-9}m。这个单位是我们要翻译的，因为度量电磁波只能是 nm，而不是海里。

1983 年，我翻译一本俄文书——ROPOIICKNE NYTN COOEIIIE-HNG，开始书名译不准确，最可能的译名是：城市道路交通。这个名称通顺、易懂，但书中包括航空、轨道交通的内容，超出了道路交通的范围。于是我暂时未译书名，待全文译出后，根据内容才取了书名：城市交通。我想，若让我写本《城市交通》，大概就是这些内容。“城市交通”之名与其内容相符。

如果让我们将匝道控制译成英文，大多数人随手会写出 ramp control。事实上，外国人写的书上，把匝道控制写成 ramp meter。meter 这个字，在字典里注释：米、测量、计数、统计等。meter 怎么会变成控制呢？细想，主路上交通量大，匝道上的车辆能不能汇入主路，能汇入几辆，完全取决于主路上车流出现的间隙大小，根据间隙大小，决定汇入 1 辆、2 辆……不能随意汇入，需要计数，说到这里 meter（计数）实质上成了控制，所以翻译要理解原文深层的意义，不要只停留在字面上。根据我对翻译和道路通行能力的理解，将下面词汇改译为：

Basic capacity 曾译：基本通行能力。改译：理想通行能力。

Possible capacity 曾译：可能通行能力。改译：实际通行能力。

Practical capacity 曾译：实用通行能力。改译：设计通行能力。

1981 年，大家积极搜集国外交通工程学科的资料，我向中国建筑工业出版社申报翻译俄文版《道路条件与交通组织》一书。这本书集中叙述了公路中如何应用交通工程知识。出版社查后告诉我，该书已有人报译。事隔好久后，出版社邀我校阅《道路条件与交通组织》的译文，我以先睹为快的心情答应。当细看译文时，我发现译稿上已有铅笔、钢笔改动的痕迹，心想译文曾有人看过，但未能改完，再说译文缺少专业用语，译者很可能是位不懂专业的人士，像这么专业的一本书，假如我来翻译也需花不少气力。这种质量的译稿如何校？我把这种想法告诉了出版社，得到的回答是：我可全权处理，需要怎么改，就怎么改。至于出版时署名，可商量，或合译或校，由我定。于是我请肖秋生同志和我共同校阅。我们近似重译，整理出一份书稿交给出版社。

该书的出版，使我们与出版社有关编辑的关系更融洽了。

1987 年，蒋璜教授主持在人民交通出版社出版一本译自澳大利亚约翰·布拉克写的《城市交通规划》。翻译前，出版社要求参译人员，除蒋先生之外,都要试译,试译达到出版要求后,方可签约翻译。我也交了译文。出版社对我的译稿没提出任何意见,于是签约出了那本书。

翻译一定要弄懂原文说的是什么,切勿在不理解原义时,认为词语在字典上有出处,文法说得通,就下笔成文。

翻译是一项很细心的工作,切勿自己不落实时,就出手。我粗略估计,共翻译了 200 多万字。

六、译　著

1. 编写的科技书

（1）城市道路规划与设计（初版），中国建筑工业出版社，1977.12（与肖秋生合写）。

（2）城市道路规划与设计（二版），中国建筑工业出版社，1982.12（与肖秋生合写）。

（3）交通工程学（讲义），北京工业大学印刷，1984.秋。

（4）公路设计手册.路基，人民交通出版社，1982.12（参编）。

（5）中国大百科全书·交通卷，大百科全书出版社，1986.6（交通工程编委）。

（6）交通工程学导论，中国建筑工业出版社，1987.6（主编）。

（7）现代城市交通，人民交通出版社，1998.6（参编）。

（8）交通工程手册，人民交通出版社，1998.5（编委会副主任，统稿）。

（9）交通工程心理学（讲义），北京工业大学印刷厂（独笔），1989.12。

（10）交通工程心理学，北京工业大学出版社，1993.3（主编）。

（11）非机动车交通国际会议论文集，北京工业大学印刷厂，1994.5（主编）。

（12）城市道路规划与设计（三版），中国建筑工业出版社，1998.10（与肖秋生、薛宗蕙合写）。

（13）论道路交通安全，人民交通出版社，2001.1（主编）。

(14) 交通工程学(一版),人民交通出版社,2003.7(主编)。

(15) 交通工程学(二版),人民交通出版社,2008.7(主编)。

(16) 新编交通工程学导论,中国建筑工业出版社,2011.2(独笔)。

2. 翻译的书

(1) 道路养护手册(俄),人民交通出版社,1966,未付印,参译。

(2) 交通流理论(英),人民交通出版社,1983.7,参译。

(3) 城市交通规划(英),人民交通出版社,1987.8,参译。

(4) 交通工程基础(英),中国建筑工业出版社,1990.10,主译,校。

(5) 道路通行能力手册(1985 版,英),中国建筑工业出版社,1991.6,主译。

(6) 城市交通(俄),中国建筑工业出版社,1984.8,主译。

(7) 道路通行能力手册(2000 版,英),人民交通出版社,2007.12,主译。

3. 审校的书

(1) 城市交通规划理论与方法,王炜,徐吉谦,人民交通出版社,1991。

(2) 交通工程总论(一版),徐吉谦等,人民交通出版社,1991.12。

(3) 交通工程总论(二版), 徐吉谦等,人民交通出版社,2002.12。

(4) 交通工程总论(三版),徐吉谦等,人民交通出版社,2008.6。

(5) 交通工程学,李作敏,杜颖,人民交通出版社,1993.6。

(6) 交通工程学,韩凤春,刘东,中国人民公安大学出版社,2002.8。

(7) 道路通行能力分析,陈宽民,严宝杰,人民交通出版社,2003.10。

(8) 数理统计在道路交通分析中的应用,李忠,金淳译,1995.10。

(9)道路交通组织优化，翟忠民，人民交通出版社，2004.6。

(10)道路通行能力分析(二版)，陈宽民，严宝杰，人民交通出版社，2010.6。

(11)道路条件与交通组织，祁振庆译，人民交通出版社，1983.3。

(12)水泥混凝土道面施工与管理技术，吉凤鸣，内蒙古人民出版社，1991.1(审稿写序)。

七、我写的文章

(1)水泥混凝土路面的病害与防治,土建参考资料(1),1972年。

(2)交通工程学,科技日报,1980年。

(3)交通工程名称辨析,交通工程,1982年1期。

(4)道路线形的协调设计,交通工程,1982年1期。

(5)路面附着系数简易测定法,交通工程,1982年2~3期。

(6)驾驶员的交通特性,北京交通工程学会首届年会论文集,1983年。

(7)人的因素工程学在交通工程中的应用,国外汽车运输,1983年3期。

(8)学点交通心理学,交通工程,1983年1期。

(9)谈交通工程学的定义,交通工程,1983年3期。

(10)谈交通工程人才培养问题,交通工程,1983年4期。

(11)交通考查见闻,交通工程,1986年3期。

(12)目前在治理城市交通中存在的几个问题,城市交通管理,1986年11期。

(13)城市道路与城外道路的联接,交通工程,1988年4期。

(14)公共汽车线路的通行能力,世界城市交通,1989年1期。

(15)道路线形设计新理论,中国交通工程,1991年1期。

(16)危险路段的判断与改善,道路交通管理,1992年7期。

(17)北京城市交通综合评价目标体系研究,交通工程,1995年1期。

(18)交通工程学在北京城市交通发展中的作用，北京科委"蓝皮书"，1999年10月。

(19)提高公共交通线路通行能力的思考，世界城市交通，1998年3期。

(20)道路线形设计新理论(讲座第1讲)，中国交通工程，1992年3期。

(21)道路线形协调设计之一(第2讲)，中国交通工程，1992年4期。

(22)道路线形协调设计之二(第3讲)，中国交通工程，1993年1期。

(23)道路线形安全设计(第4讲)，中国交通工程，1993年2期。

(24)中国交通工程展望，中国公路学报，1995年增1期。

(25)北京城市交通管理，中日韩学术交流论文集(东京)，1998年。

(26)公共交通优先的理论问题，城市公共交通优先论文集，1997年10月。

(27)交通需求管理，道路交通与安全，2002年1期。

(28)未来城市交通，交通工程通讯(哈尔滨)，2001年1期。

(29)城市交通问题之管见，交通工程与信息，2003年1卷1期。

(30)交通工程学，中国大百科全书(第二版)。

(31)交通管制，中国大百科全书(第二版)。

(32)交通工程学科三十年，风雨征程五十载，李荣主编，2010年，北京工业大学大学出版社。

(33)The strategy to handle the through traffic proceedings of the international urban transportation engineering and planning conference. Beijing, china, Aug. 1987年。

(34)Planning and design of tourist road proceedings of the international conference on road transport. Beijing, China, May, 1989 年。

(35) The study an overall evaluation of urban transportation system the third multinational urban transport conference Nov, Beijing China, 1993 年。

(36) 徐州行——道路勘测设计随感，南京工学院校刊，1959 年春。

(37) 路 62 团支部是怎样领导学习的，南京工学院校刊，1959 年春。

(38) 当个社会主义建设战线上的尖兵，南京工学院校刊，1959 年秋。

(39) 跃进中的路四同学，南京工学院校刊，1959 年 10 月。

(40) 先当学业，后当先生，1971 年 3 月 24 在北工大欢迎首届工农兵学员大会上发言稿，北工大校刊。

(41) 各类学校都要学朝农的经验，北京日报，1975 年 1 月 24 日。

以第二作者发表的文章：

(1) 道路交通安全系统浅析，交通工程，1991 年 1 期，刘小明。

(2) 我国道路交通事故的特点及预测，交通工程，1991 年 3 期，刘小明。

(3) 道路交通事故成因分析，道路交通管理，1991 年 5 期，刘小明。

(4) 城市交通事故的特点，道路交通管理，1991 年 12 期，刘小明。

(5) 城市客运枢纽选址方法，北工大学报，1991 年 4 期，张颉。

(6) 我国交通事故预测，中国交通工程，1992 年 1 期，刘小明。

(7) 公路航测精度分析和航摄比例尺的选择，中国公路学报，1992 年 4 期，刘小明。

(8) 自行车交通流组织的基本原则，中国交通工程，1993 年 1 期，魏恒。

(9) 计算机模拟在道路通行能力中的应用，中国交通工程，1993 年 4

期，赵明。

（10）非机动车因素对交叉口机动车通行能力的影响，北工大学报，1993 年 3 期，魏恒。

（11）自行车的行驶状态与自行车通行能力，中国公路学报，1993 年 4 期，魏恒。

（12）道路照明与交通事故的相关性，道路交通管理，1993 年 7 期，陈尚和。

（13）道路交通系统动态图形仿真研究，中国交通工程，1994 年 2 期，石建军。

（14）道路网规划中交通预测的思想方法，中国公路学报，1994 年 2 期，刘小明。

（15）中国自行车交通 NMT 会议论文集，1994 年，刘小明。

（16）公路纵断面计算机自动设计，北工大学报，1994 年 1 期，刘朝阳。

（17）公路运力运量协性研究，交通工程，1994 年 2 期，陈尚和。

（18）中国自行车交通的理论与实践，交通工程，1995 年 2 期，刘小明。

（19）北京城市自行车与公交换乘研究，中国公路学报，1995 年增 1 期，张颉。

（20）城市中心商业区用地与交通优化分析方法，中国公路学报，1995 年增 1 期，张在民。

（21）行人过街天桥（地道）选址模型研究，中国公路学报，1995 年增 1 期，陈尚和。

（22）道路交通事故经济损失计量原理与方法，北工大学报，1995 年增刊，曹阳。

(23)城市交通事故生成规律研究,中国公路学报,1995年增1期,刘小明。

(24)交通事故时间序列预测方法研究,中国公路学报,1995年增1期,刘小明。

(25)公路建设项目国民经济评价方法研究,中国公路学报,1995年增1期,肖秋生。

(26)建立适合中国国情的高速公路管理体制,中国交通工程,1996年2期,刘小明。

(27)计算机辅助公路工程施工质量管理系统研究和开发,公路,1996年2期,陈尚和。

(28)交通心理需求与交通安全,第二届亚洲道路安全会议论文集,1996年4月,丁立民。

(29)亚洲太平洋地区道路交通安全状况与对策,交通工程,1997年3期,刘小明。

(30)非理想条件下道路通行能力模糊识别修正法研究,交通工程,1998年1期,唐依民。

(31)道路交通安全管理分析系统研究,交通工程,1998年4期,刘小明。

(32)住宅区吸引力的模糊评价,住宅科技,2000年4期,杨艳群。

(33)路网容量进展研究,北京工业大学学报,2002年2期,陈春妹。

我名下招生培养了30多名博士生,博士生毕业前最少在核心刊物上发表2篇论文,这样相加,有60多篇论文。我指导的博士生发表论文,博士生署第一作者,我署最后一名,故此,这里不再列示诸多论文的题目和出处。

八、获得的奖项、荣誉、社会兼职

1. 科研获奖

项　　目	级　　别	等级	日期
北京市城市交通综合体系规划研究	国家科学技术进步奖	二	1992.11
北京市城市交通综合体系规划研究	北京市科学技术进步奖	一	1991.03
大城市综合交通体系规划模式研究	国家科学技术进步奖	二	1992.11
大城市综合交通体系规划模式研究	国家建设部科学技术进步奖	一	1991.01
公路通行能力研究	北京市科学技术奖	二	2002.02
中国大城市交通影响分析体系	北京市科学技术奖	二	2004.03
道路交通事故机理及安全审计集成技术研究	中国公路学会科学技术奖	二	2004.09

2. 教学获奖

项　　目	级　　别	等级	日期
交通工程学(教材)	北京市精品教材		2007.03
教学优秀奖	北京工业大学		2008.09
交通工程学(教材)	北京工业大学优秀教育教学成果奖	一	2004.10
教学优秀奖	北京工业大学		1999.09
交通工程心理学(教材)	北京工业大学优秀教材	二	1994.09
1991—1993 教学效果优秀教师	北京工业大学		1993.06
交通工程学导论(教材)	北京工业大学	一	1992.01

3. 获得过的荣誉

名　称	发放单位	日　期
政府特殊津贴	中华人民共和国国务院	1993.10
北京市有突出贡献专家	中国共产党北京市委员会	1995.04
	北京市人民政府	1994
北京市优秀教师	北京市文教办公室	1995.09
北京市科协先进工作者	北京市科学技术委员会	1996.12
北京市爱国立功标兵	北京市总工会	1995.01
中国公路学会资深荣誉会员	中国公路学会	2008.10
有突出贡献的归侨侨眷	北京工业大学归国华侨联合会	2006.05
人民交通出版社60周年社庆优秀作者	人民交通出版社	2012.12
中国建筑学会城市交通规划分会表彰证书	城市交通规划学会	2008.10

4. 受聘兼职

公安部、建设部畅通工程专家	北京工业大学学术委员会委员
北京市交通委员会专家	北京工业大学建工学院学术委员会主任
北京市交通安全委员会专家	"昆明理工大学学报"编委会委员
北京市科学技术进步奖评审委员	"北京工业大学学报"副主编
中国交通工程学会常务理事	东南大学交通运输系兼职教授
北京交通工程学会常务理事兼副秘书长	昆明理工大学兼职教授
中国城市交通规划分会委员	郑州交通职业学院客座教授
中国城市公共交通协会顾问	北京望京工业区综合开发公司顾问
北京工业大学图书馆科技查新咨询专家	交通工程北京市重点实验室(北京工业大学)学术委员会副主任
"中国公路交通科技"编委会委员	
"交通运输工程与信息学报"编委会委员	中国大百科全书交通工程条目编委

九、办 公 司

当年，公职人员弃政下海时髦时，我没从商，我热爱教育，不懂企业经营之道。而在我68岁时，却着手办公司，何故？这来源于我的办学理念。国内外的医学院校，都有自己的附属医院，教师在学校里上课，做科研，教学生；在医院里坐堂，应诊看病。这样的教师有真才实学，学生在学校里学理论，在医院实习，理论结合实际。

工科院校的学生，在毕业之前，应当对本专业必须掌握的几项本领都通过实践，确实掌握。由于经济体制的变化，学生找个实习场所非常难，若工科专业办公司，开工厂，成立设计院，组建工程队等生产实体，供教学实践用，这对提高学生质量大有好处。大家曾经常提到的产学研机制，或后来提到的政、产学研用机制是培养高质量人才的有效机制，要这样培养学生，需要创造条件，有实战基地，这就是我办公司的最原始想法。

2002 年 9 月 26 日，北京市工商局批准我们成立北京工大福田交通工程咨询有限公司，公司坐落在亦庄经济开发区。当时我在美国，一切手续烦劳荣建、张智勇操办。到 2003 年 9 月 26 日，公司成立一周年聚餐时，我对公司员工讲述了成立公司的想法。

(1)成立公司，支持交通工程专业发展；

(2)为学生提供实习基地；

(3)为建立交通工程奖励基金创造条件；

(4)为大家谋福利。

我是公司法人、执行董事，张智勇任经理，荣建协助我工作，具体经营由张智勇负责。我对张智勇和荣建说：有事要多商量，争取少做错事，不做错事。

我们的公司每年安排员工体检，员工有休假，鼓励员工继续学习。

商业有回扣现象，我反对。我在不同场合说过：①回扣人拿走回扣，抬高了公司产品的标价，影响公司声誉。②公司付出人力、物力，获利有限。回扣人利用手中的资源，违法得到暴利，不公平。③回扣人之所以能拿到回扣，是被回扣的公司做了帮凶。

在张智勇的领导下，公司很快打开局面，专业工程正常进行，同时接收交通工程专业的本科生、研究生到公司实习。

十、我工作、教学去过的城市

北京、天津、上海、重庆、香港、澳门

哈尔滨

长春

沈阳、鞍山、大连、铁岭、海城、锦州

石家庄、保定、唐山、沧州、廊坊，秦皇岛、邯郸、邢台、衡水、张家口、任丘、涿州、藁城、香河、辛集、乐亭、容城、承德

太原、忻州、大同、长治、阳泉、晋城、吕梁、五台山

呼和浩特、包头、通辽

西安、咸阳、宝鸡

兰州、酒泉、武威、临夏、夏河

银川、中卫

西宁、格尔木、德令哈、湟源、大柴旦、香日德、共和

乌鲁木齐、吐鲁番、石河子、玛纳斯

郑州、洛阳、开封、焦作、濮阳、新乡、许昌、三门峡、登封

济南、青岛、烟台、威海、淄博、泰安、潍坊、德州、东营、日照、荣城、文登、济宁、曲阜、乐陵

南京、徐州、扬州、苏州、淮安、无锡、镇江、涟水、仪征、六合

合肥、芜湖、安庆、蚌埠，黄山、马鞍山、滁州、南陵

杭州、绍兴、宁波、温州、临海、萧山、嘉兴、金华、诸暨、嵊州、建德、义乌、江山

福州、厦门、邵武、莆田、南平、顺昌、武夷山

武汉、黄石、宜昌、襄樊、荆门、荆州、鄂州

长沙、湘潭、株洲、韶山、衡阳

广州、深圳、汕头、湛江、海安、珠海、佛山

昆明、丽江、曲靖、玉溪、安宁、迪庆、大理、宁蒗、景洪、保山、楚雄、宣威、宣良

南宁、北海、钦州、桂林、阳朔、防城、凭祥、东兴、合浦、德天

贵阳、安顺

南昌、九江、景德镇、宜春、萍乡、新余、上饶、鹰潭、吉安、赣州、抚州、高安、樟树、丰城、瑞昌、瑞金、井冈山

海口、三亚、通什、安定、琼海、琼中、儋州、万宁、陵水、屯昌、琼山、澄迈、五指山

台北、台中、高雄、淡水

成都、攀枝花、松潘、万县、都江堰、绵阳

美国：华盛顿、洛杉矶、旧金山、堪萨斯、休斯敦、奥斯汀、圣安东尼奥、新奥尔良、印第安纳波里斯、迈阿密、坦帕、奥兰多、底特律

日本：东京

越南：河内、芒街

墨西哥：Cozumel 岛、Progreso 岛、kayak 湖

附　录

交通工程名称辨析

任福田

汉语里有“交通”这个词，也有“工程”这个词。但“交通工程”这个词，在汉语里少见，交通工程一词是译自英文 Traffic Engineering。近几年，大学里设立了交通工程专业，社会上出版了交通工程书刊，成立了交通工程学会。然而，迄今为止，仍有一些同志对交通工程这个名称持有异议。据知，有下面几种：

(一)“交通工程”这个名称不确切，不能顾名思义；

(二)应当命名为“道路交通工程”；

(三)应当命名为“运输工程”；

(四)应当命名为“交通工程”。

对于第一种意见：

交通工程学在我国刚刚建立。从美籍交通工程专家张秋 1979 年回国讲学到现在不到两年，在交通工程方面所做工作很少，又缺乏资料，有些人只知其名，不知其内容，不足为怪。随着交通事业的发展，必然会有更多的人员从事该专业的实际工作和科学研究，会出版更多的图书资料，那时，再见到交通工程这个名称，就会有具体感触了。

也有一些国家对这一学科不叫交通工程，如前苏联，叫交通技术(Транспортные технологии)，波兰也叫交通技术。交通工程脱胎于道路工程，至于英国仍认为交通工程是道路工程中研究交通的那一部分。交通工程的内容，有很大一部分是研究交通特性，为工程设计提供依据。所以该学科叫交通工程比叫交通技术更合适些。

对于第二种意见：

Traffic 一词的含意是指人和车辆沿道路的运动。因此，Traffic Engineering 似应确译为道路交通工程。这一译名，从其内容来看也是恰当的。但是，出于下面两点考虑，认为不冠道路二字为妥。

1. Traffic Engineering 若译成道路交通工程，自然会使人联想到还有铁路交通工程、水运交通工程、航空交通工程等等。看来无必要这样划分。因为交通工程一词包括了诸多内容。

2. 随着学科的发展，道路交通工程研究的内容不断充实，涉及的范围越来越大。例如在讨论区域交通规划、城市交通规划时，必须综合考虑道路、铁路、水运、航空等各种交通方式。各种交通方式相互关联，不可截然分开，尽管在某种条件之下以研究某种交通方式为主，但仍宜标以总名称。

最初，日本将 Traffic Engineering 译为道路交通工程。1955 年日本在第三届全国道路会议上，将道路交通工程改称为交通工程。

对于第三种意见：

交通工程学的创始国美国，1975 年将交通工程师学会启用新名：Institute of Transportation。英美出版的交通工程书籍，有的题为 Transportation and Traffic Engineering。于是有些人认为该学科应命名为运输工程，以示与交通工程有别。

产生这种看法的原因是对 Traffic 和 Transportation 两词的异同欠究。前者确指道路交通，后者泛指陆路、空中、水上各种交通。改变用词是将狭隘的名称改为广义的名称。在汉语里，交通这个词没有确指某种交通方式的含意，而恰恰是泛指各种交通方式，正与英文 Transportation 一词相对应。例如，我国的交通部曾一度包括公路、铁路、航空、水运等交通业务，但并未命名为运输部。这是其一。其二是一提交通二字，人们自然联想到旅行方便不方便，是否拥挤，安全吗？然而一体运输二字，却往往会联系到运量、周转、运费等情况。运输一词的含意是将人和物从一个地方运到另一个地方。因此，诸如工厂里的水平运输，如皮带运输；垂直运输，如起重机运输，这些都包括在运输之列。而这些都非所指运输工程研究范围。故不用运输工程之名是恰当的。

对于第四种意见：

综合对一、二、三种意见的论述，从该学科研究的内容看，从学科名称的汉语用词含意分析，参照人们的习惯称呼，我们认为宜采用交通工程这个名称。

（原载于《交通工程》1982年1期）

谈交通工程学的定义

任福田

关于交通工程学的定义，过去曾听到有两种说法：

1. 交通工程是综合研究人、车、路的科学；

2. 交通工程是“4E”科学。

前一种说法是俗称，只谈到交通工程学研究的对象，不能作为该学科的定义。

后一种说法，只不过提到它所研究的内容。因为交通工程学的内容有执行法规（Enforcement），教育（Education），工程措施（Engineering），环境（Enviroment）。而这几部分内容的英文字的第一个字母都是“E”，所以有人形象地称交通工程是“四E”科学。当然这不是该学科的定义。

后来又查阅了几篇资料，见到了美国交通工程协会在其1970年的年鉴中为交通工程学下的定义。该定义译文如下：

交通工程学是工程学的一个分支。它研究道路规划、几何设计、交通运营、道路网、终点站及其毗邻地带与各种交通模型之间的关系，以达到客货运输安全、有效和方便。

在日本出版的“交通工程用语词典”里和渡边新三等编写的“交通工程”一书中，给交通工程学下的定义是：所谓交通工程学是结合客货运输安全、便利与经济，综合探讨公路、城市道路及其相连接的整体用地规划、几何线形设计和运营管理等问题。属于工程上的一个分支。

日本提出的定义与美国所用定义基本一致。这两个定义侧重于学科研究内容和研究目的,未能从学科内涵上给予启示。

英国把交通工程看作是道路工程的组成部分,曾在百科中提到:道路工程中研究交通运营与控制、交通规划、线形设计的那一部分叫交通工程。

在前苏联不用交通工程这个词,而是用“交通技术”一词(东欧有些国家也这样用)。在“社会主义国家铁道会议”文件中提到:交通技术是交通过程的规律和交通对道路结构物、人工构造物影响的科学。

笔者认为,从研究内容方面去定义交通工程学,未必合适。列举的内容少,描绘不出学科的面貌;列举的内容多,啰嗦,不像个定义。更重要的是,这样定义不能展现学科的内涵。笔者试图给出下面的定义:

交通工程学是研究交通规律及其应用的一门技术科学。

它的研究目的是探讨如何安全、迅速、舒适、经济地完成交通运输任务;它的研究内容主要是交通规划、交通设施、交通运营和交通管理;它的研究对象是驾驶员、行人、车辆、道路和交通环境在交通过程中的相互关系。

第一段是定义。交通工程人员认识客观世界,研究交通生成规律,交通在时间和空间上的分布规律、交通运行规律,停车规律等等,并运用交通规律去改善交通,采取各种措施去适应规律。

第二段是注释。说明学科的研究目的、内容和对象。

这种想法,曾在有关场合说过。现在提出来更广泛地就教于读者。

(原载于《交通工程》1983 年 3 期)

公共汽车线路的通行能力

任福田

近几年,我国一些大城市的公共交通出现了乘车难的现象。为了改善这种状况,人们很自然地想到在线路上增加车辆。因此,一条公共汽车线路能通过多少辆公共汽车,如何提高公共汽车线路的通行能力,成为人们关心的问题。本文提供一种计算公共汽车线路通行能力的方法,并就提高公共汽车线路的通行能力,成为人们关心的问题。本文提供一种计算公共汽车线路通行能力，并就提高公共汽车线路的通行能力，发表一点看法。

一、计算公共汽车线路通行能力的方法

大家知道，道路的通行能力，是指在选定的时间段内，道路的某一断面所能通过的最大车辆数。由于公共汽车沿线行驶是不连续的，而是在各个车站停靠，间断行驶。所以，公共汽车线路的通行能力，受停靠站通行能力的控制。汽车停靠站的通行能力大，公交线路的通行能力就大；停靠站的通行能力小，公交线路的通行能力就小。如果沿途各站上下车的乘客大致相等，则各站的通行能力也大致相等。如果乘客在沿途各站的分布不均匀，则上下车乘客最多的站，通行能力最小。该站的通行能力就成为路线通行能力的控制值。于是有

$$N_{站} = \min\{N_{站}\} \tag{1}$$

汽车停靠站的通行能力，取决于公共汽车通过车站时间的长短和公共汽车之间最小车头时距的大小。车站通行能力可用下式计算。

$$N_{站} = \frac{3600K}{\tau + t_h} \tag{2}$$

式中：$N_{站}$——汽车停靠站的通行能力，辆/h；

K——修正系数，考虑公共汽车在停靠站的停驶时间的增加，一般取 $K = 0.8$；

t_h——公共汽车的最小车头时间，可取 $t_h = 5\text{s}$。

T 为公共汽车通过汽车停靠站的时间。它包括汽车进站减速停车、出站启动加速、乘客上下车、开关门时间。于是

$$T = t_1 + t_2 + t_3 + t_4 \tag{3}$$

式中：t_1——公共汽车进站时间，s；

t_2——乘客上下车时间，s；

t_3——开车门和关车门的时间，s；

t_4——公共汽车出站时间，s。

具体分析如下：

1. 进站时间 t_1

车辆进站势必减速、制动直到停止。因此进站时间，实际上是车辆在停靠站范围内某段距离 L 上的制动时间。按匀减速运动公式得出：

$$t_1 = \sqrt{2L/b}$$

式中：b——减速度，可取 $b = 1.5\text{m/s}^2$；

L——进站距离，m，取 L = 车长。

2. 乘客上下车时间 t_2

乘客上下车时间的多少，与站上乘客上下车人数、车门个数、车门宽度有关系。据此，得到

$$t_2 = \frac{rQt_0}{n}$$

式中：Q——公共汽车的载客人数，人/辆；

r——系数，表示上下车人数占载客人数的比例，上下车人数最多的站，若取 $r = 0.5$，rQ 即是上下车人数；

t_0——一个人上车或下车的时间，上车时间为 2.5 ~ 3.0s，下车时间为 1.5 ~ 2.0s，平均取 $t_0 = 2.0\text{s}$；

n——一辆公共汽车的车门个数。

3. 汽车开门和关门时间 t_3

汽车开门和关门时间与车门构造有关系。一般取开门时间为 3s。

4. 出站时间 t_4

出站时间包括起动、加速时间，实际上是车辆在停靠站范围内某段距离 L 上加速到规定车速所需要的时间，按匀加速运动公式可得：

$$t_4 = \sqrt{2L/a}$$

式中：a——公共汽车加速度，可取 $a = 1.0\text{m/s}^2$；

L——加速距离，m，可取 L = 一个车长。

将以上各式代入式(2)，得

$$N_{站} = \frac{3600K}{t_1 + t_2 + t_3 + t_4 + t_h}$$

$$N_{站} = \frac{2880}{2.56\sqrt{L} + \frac{Q}{n} + 8} \quad (4)$$

例如,某公交线路拟采用北京Ⅰ型客车,车长 $L = 8.6\mathrm{m}$,车门数 $n = 2$,座位数为24个,额定载客人数为85人。求该线路的通行能力。

解:若用 $Q = 85$ 人,代入 $L = 8.6\mathrm{m}$,$n = 2$ 则

$$N_{站} = \frac{2880}{2.56\sqrt{8.6} + \frac{85}{2} + 8} = \frac{1}{58} = 50 \quad (辆/h)$$

如果给公共汽车运送乘客规定服务水平,则可求出对应某一服务水平的通行能力。

初步将公共汽车服务水平分为优、良、中、差四个等级。其标准是:车上没站立的乘客,为优;车上的座位已满,且有站立的乘客,其数量小于等于座位数的50%,为良;车上乘客已达额定载客数,为中;车上乘客大于额定载客数,为差。相应于不同服务水平的通行能力见下表。

不同服务水平的通行能力

服务水平	指　　标	北京Ⅰ型车		上海SK660A客车	
		通行能力(辆/h)	运载能力(人/h)	通行能力(辆/h)	运载能力(人/h)
优	没有站立乘客	105	2520	95	3610
良	站立的乘客≤50%座位	86	3095	78	4466
中	50%座位<站立的乘客≤额定载客数	50	4250	48	6048
差	乘客>额定载客数	<50		<48	

注:上海SK660A客车,车长 $L = 14.05\mathrm{m}$,车门 $n = 3$ 个,座位 = 38个,额定载客数为123人。

达到表中通行能力的另一条件是端点站有足够的场地,车辆按要求的频率掉头无问题,能保证按时发车。

二、提高公共汽车线路的通行能力

从上述计算通行能力的公式可以知道：欲提高公共汽车线路的通行能力，可从以下几个方面着手。

1. 设法减少汽车进出停靠站时间。这需要改进汽车动力性能，使车辆具有较大的加（减）速度的能力。同时，还需要提高驾驶员的操作水平。

2. 设法减少乘客上下车时间。为此，可将汽车底盘降低，减少车门踏步高度和阶数，增加车门个数，增大车门宽度，改进控制车门开关方式，同时，分散控制站的上下车乘客人数，维持乘客上下车秩序。

3. 在同一停靠站，布设两个或三个停车位置，这样在一个站可同时停靠 1 ~ 3 辆汽车。布设的站台多，站里的车辆必然会有相互影响，这时的通行能力按下式计算：

$$N'_{站} = N_{站} K K_{干} \tag{5}$$

式中：$N'_{站}$——设多站台时车站的通行能力，辆/h；

$N_{站}$——一个站台时车站的通行能力，辆/h；

K——布设站台数，$K = 1 \sim 3$；

$K_{干}$——设多个站台时的干扰系数，$K = 1$ 时，$K_{干} = 2$；$K = 2$，$K_{干} = 0$；$K = 3$，$K_{干} = 0$。

4. 停靠站台应有一定的面积，便于疏散下车的客流。

5. 有比较地使用额定载客量大的汽车。汽车载客量大，则汽车车身长，进出站时间长，乘客上下车占用时间可能多，自然通行能力就小。这时，若总的运载能力增大，则可用。否则，不一定改用大容量的车型。

分析公交线路的通行能力比分析道路通行能力更为复杂。因为其中涉及乘客的上下车，各站上下车人数。各城市在使用公式作计算时，使用本城市的实际数据。如上下车时间、上下车人数等，带入实测值。车辆结构、尺寸、载客数，视采用的车辆而定。

（原载于《世界城市交通》1989 年 1 期）

道路线形设计新理论

任福田　刘小明

摘　要：本文提出了以道路使用者对交通的要求为依据的道路线形设计新理论，及该理论的基本特征。

一、问题的提出

长期以来，道路工程人员认为汽车行驶理论是道路线形设计的理论基础，修建道路以满足汽车行驶要求为准。如汽车转弯行驶，需设置一定半径的曲线，当半径小于某一规定值时，还需要在曲线上设置加宽、超高；由于汽车动力性能有一定大小，所以对路线的纵坡度作出具体规定，这些都已载入道路线形设计技术标准，然而按照这种线形理论设计的某些路段，却不能保证行车安全。最突出的例子是长直线连接合乎技术标准规定的小半径曲线，因曲线与直线不匹配，曾屡屡出现事故。这就是通常所说的合法不合理现象。

按行车理论设计线形，求得不翻车，这只是最低要求。对人的安全没有充分考虑，特别是对人的安全感没有考虑。

人们出门旅行，希望安全、迅速、舒适、经济方便。其中舒适是对道路使用者而言。现行理论没有规定在设计线形时，如何使人舒适。

道路是交通设施，应当满足行车要求；同时，道路是线形构造物，经过各种地形、穿越风景地区、联系大小城市和村庄，必然涉及道路本身的造型和景观。道路使用者要明辨方向，观看山川自然景色，欣赏田园风光，因此道路应当满足美学要求，有观赏价值。旅游区的道路本身就是一条风景带。优美的线形，富有画意的环境，给人以美的享受，可以减轻驾驶疲劳。据试验，在六车道高速公路上行车，当车速为 40km/h 时，路面在视野中占 20%；当车速为 96km/h 时，路面在视野中占 30%。由此可见，速度越快，路面在视觉透视图中所描绘的形状，即线形，就越成为美观印象的控制因素。可以断言，行车速度高的道路，有充分理由重视线形景观设计。按现行理论做道路设

附录

计,无法考虑这些因素。

至于保证行车通畅,速度连续,更无具体实施方法。

因此,美学也是道路线形设计的理论基础。

过去在方案论证时往往只根据工程量的大小或投资多少决定路线某一方案取舍。从现在工程经济理论角度分析,评价工程项目,只计及工程项目是不客观的,还必须考虑道路使用者的费用。因此,工程设计不能不用现代工程经济理论。

下面也要回忆一下道路线形设计新理论的发展过程。

1933 年,德国开始修建柏林—汉堡高速公路,同时研究设计连续平顺线形的问题。到 20 世纪 40 年代,提出了用曲线连接曲线的新设计方法。

1937 年,美国 I. R. 哈尔顿和 L. L. 瑟斯通在“驾驶安全”一文中,分析了快速行车与驾驶员视觉的关系,提出了一些规律。随着车速的提高,驾驶员注意力集中程度、紧张程度增加;注意力集中点移向远方;对前景视觉模糊;视野变窄、周界感减少。这些统称为视觉原理。

1938 年,J. L. 加布尔斯又提出道路焦点的概念。道路焦点是指在已知速度的条件下,驾驶员视觉速度最清楚的那块路面。驾驶员到这块路面的距离称道路焦距。同时将这一概念用于道路设计。

从 20 世纪 50 年代中期开始,经济发达的国家率先加速修建高速公路。此间对线形设计问题进行了多方面研究。

1970 年,德国汉斯 · 洛伦茨出版了专著“公路和高速公路的线形与造形”。这本书是他几十年从事线形设计经验的总结。书中论述了路线的平面线形和空间线形,线形与汽车行驶力学的关系,公路造型与环境的关系以及各种工程经济效果。他在该书的序言中提出:“公路技术传统上所划分的土方、桥梁和路面工程等,正在稳步发展,但最近十年(六十年代)则产生别开生面的新趋势。这表现在对于视觉、行驶力学、审美、绘制地形图、安全设施、沿线花木行驶心理学、局部气象以及种种保护措施,如保护景观与野生动物,防止风沙与噪声等都引起了重视。本书就是提出了上列新问题的有关知识和各问题之间横向联系这两个课题。”

1964年,南京工学院方左英教授发表论文“西湖山陵风景区道路网问题的商榷”,论述了道路与环境的协调问题。

笔者在1981年曾发表过论文“人的因素工程学在交通工程中的应用、道路线形的协调设计”;1988年又发表了“旅游区道路规划与设计”。这些都是道路线形设计新理论研究的系列文章。

综上所述,由于现行道路设计理论出现的别开生面的新趋势,由于对道路功能要求的提高,基于先行者们的研究成果,笔者认为,道路线形设计理论已经发展到一个新阶段,应正式提名为道路线形设计新理论。

二、道路线形设计新理论

道路交通的组成表明,人驾驶汽车、人坐汽车,汽车在道路上行驶。在交通过程中,道路使用者对道路有一定要求。修建道路为人服务,应当以满足人的要求为准。同时也满足车辆行驶的要求。新理论的要求如下:

(1)根据交通工程心理学原理设计道路,满足道路使用者期望、安全、舒适的要求。

(2)根据美学原理设计道路,满足视觉、线形协调、景观的要求。

(3)根据汽车行驶动力学设计道路,满足汽车行驶要求。

(4)根据工程经济学理论,对道路投资、道路使用者的费用进行综合经济分析。

从交通的角度以运动的观点综合实际路线的几何元素,摒弃静止地、孤立地套用道路技术标准各项指标的设计方法。

三、道路使用者对道路的要求

笔者把道路使用者对道路的要求归纳为下面几点。

1.期望心理

道路使用者驱(乘)车前进,很想知道前方的道路条件、交通条件和环境条件。

道路条件指路线概况,道路方向,危险路段、路表面状态,服务设施的位置,出入口的地点及去向等。

交通条件指交通负荷、拥挤阻塞情况、前方推荐的行车速度、车道选择、时距、是否发生交通事故等。

环境条件指大气能见度、降雨、雪阻、洪水、落石、塌方、滑坡、沿途名胜古迹，路过的城镇村庄名称等。

对道路使用者来说，要求前方道路条件和交通条件出现的每一种情况，不感到突然，符合发展规律，方可满足期望心理。

为此在道路设计中应当有考虑。

1)根据需要设立标志、信号。交通标志是交通语言。通过交通标志向道路使用者传送信息。现在不宜再修光板路了。

2)避免出现暗弯。在凸形竖曲线的顶点设平曲线的起点就是暗弯，如图1所示，汽车爬到坡顶之前，驾驶员不知顶点过后的路线方向，及至顶点方知道转弯方向，驾驶员心理没准备，有时会出现操纵车辆困难。

3)诱导视线。设计的道路及其环境，应当给驾驶员行程一条据以确定汽车前进方向的空间走廊。驾驶员扫视过的方向标记，在视野范围内形成的空间线形的概念向前延伸。这样，使驾驶员对前进道路方向持有信心。

图1　路线的暗弯

2. 协调要求

协调是指道路使用者审视道路时，视觉舒适、连续；车辆在道路上行驶时，速度变化连续。协调是指匹配。无论道路等级高低，都应重视协调问题。

协调主要指两个方面。其一是道路与环境协调，道路用于环境之中；其二是线形本身协调，线形各几何元素取值匹配。

为满足协调要求，需从选线、定线开始，知道路线具体设计。例如：

1)精心选择路线位置

在山区选线，路线位置的高低从哪面山坡通过应慎重选择。尽量避免大砍大伐、大填大挖，注意隐蔽。要考虑平面、纵断面标准的协调。若平面线形标准较低，没必要将纵断面标准定得很高。反之亦然。

沿海路、滨河路和环湖定线时，应注意线形变化。路线对于水体，可以若即若离、时隐时现、忽高忽低。可以架桥飞跃沟汊，也可以远离水面，敷设在滩地，或有意遮挡视线，绕山而行。路线的位置能使道路使用者从不同的角度注视水面。

环湖路线的标高也是值得思考的问题。过高，游人只能远眺水面儿不见近岸水流，不产生亲和感；过低，游人会产生随时被水吞没的心理。因此，路线标高除满足水位要求外，尚需顾及游人视线。人们站立式最佳的俯视角为10°左右。在旅游区定线正确处理与沿途名胜古迹、风景点的关系，应巧妙地借景、对景。

2)路线几何元素协调

几何元素协调，则车速连续。若两路段车速之比 V_2/V_1 大于等于0.8，就是连续。据此，在长直线末端连续的曲线半径不应机械地套用技术标准，而应以运动的观点分析直线的交通条件，考虑在直线末端可能形成的车速 V_a 由具体分析而定(图2)。通常规定的控制车速只能控制相应等级的几何尺寸，不能控制驾驶员开车的速度。一般而言，道路条件越好，交通条件允许，车速就快；否则车速就慢。故确定曲线半径的大小，应考虑可能形成的车速。

曲线与曲线同向相连，为复曲线(图3)。为保证行车顺畅，车速不发生突变，复曲线中两半径必须保持一定的关系，$R_1/R_2 \leq 1.56$。

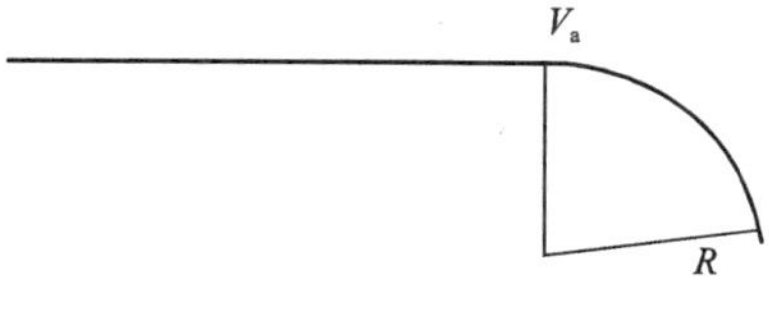

图2　直线与曲线相连

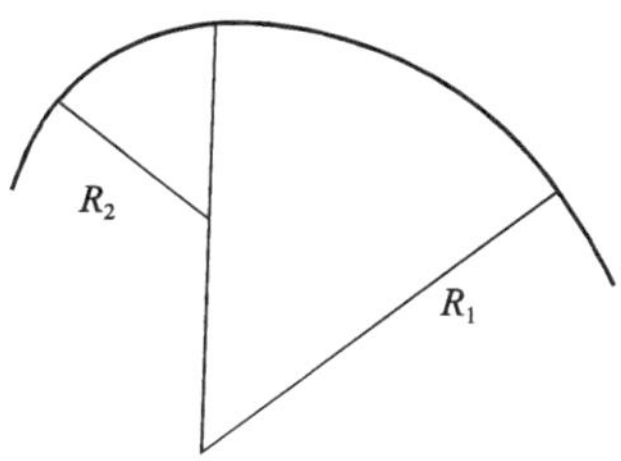

图3　复曲线

两曲线之间所连直线段长度也应有分析。直线过长，则线形单调，容易驱使驾驶员开快车，应当予以限制。直线过短，看上去直线向圆心所在的一侧弯曲（图4），俗称断背曲线，取值多大为妥，应根据各国具体情况，通过试验而定。德国的规范规定，直线最长不大于20V(m)；最短不小于6V(m)。V是车速，以km/h计。

图4　断背曲线

几何元素协调，则视觉舒适、连续。为了得到顺适、优美、符合视觉原理的线形，在设计中应运用透视图和空间立体线形模型。

为了在视觉上得到平顺、连续的线形，各元素的定位和取值应当相当的匹配，保持均衡。否则，设计的线形虽然符合技术标准要求，但看起来别扭，不舒服。下面举几个例子说明这个问题。

图5是长平曲线内配短凹竖曲线。线形不顺适。

图6是长平曲线内配长凹竖曲线。线形顺适。

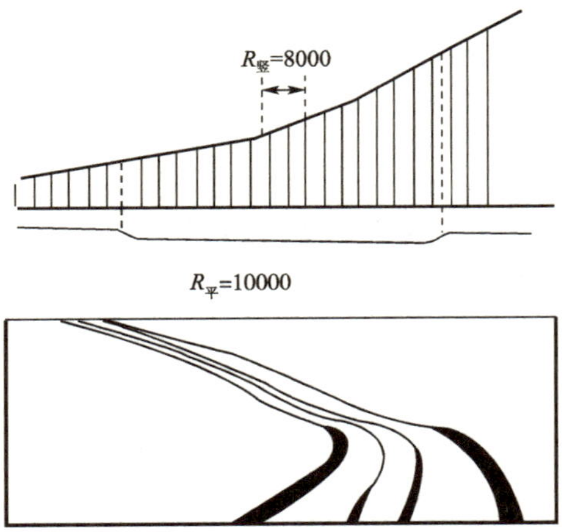

图5　长平曲线配短凹竖曲线

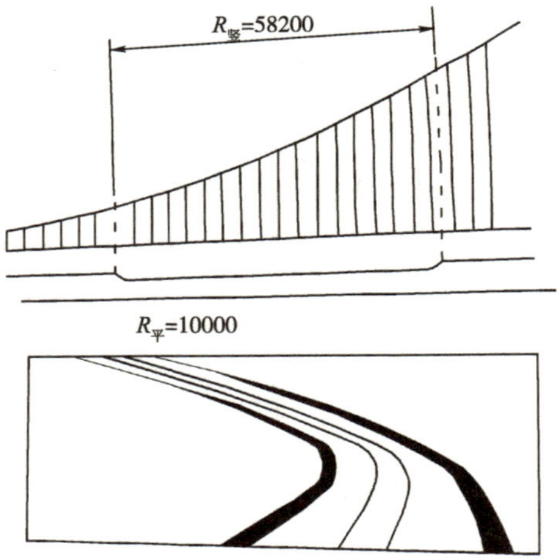

图6　长平曲线内配长凹竖曲线

图7是直线段上，设短竖曲线。线形元素匹配不良。

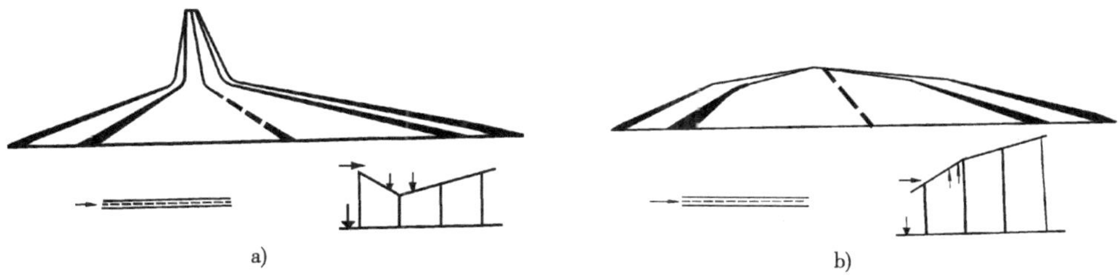

图 7　直线中的小竖曲线底部

3. 安全要求

人们外出旅行，交通安全至关重要，通常所说的交通安全性是指交通事故出现的结果所表明的安全状态。随着学科的发展，在论说交通安全时，有必要区分安全性和安全感两个概念。一般说来，安全感与舒适性成正比例，但安全性和舒适性并未成正比例。就是说安全感高的道路舒适，安全性高的道路未必舒适，有某种程度危险感的路段，引起注意，结果事故少，安全性高，但驾驶员在这种路段上驱车前进，会感到不舒适。

用事故的多少来度量安全性，可用道路使用者的生理反应次数，如皮肤电的反射，呼吸次数的多少，脉搏跳动的快慢等，来度量安全感。在安全感高的路段上行车，生理反应的次数少，在安全感低的路段上行车，生理反应次数多。

因此，设计的道路应当安全性高，安全感也高。

目前，虽然对如何设计安全性高、安全感也高的道路研究不够，但已有大量统计数据说明道路线形与安全性密切相关。如在某一设计车速条件下，圆曲线半径、回旋曲线参数小于某一数值，事故就增多；下坡左转弯比下坡右转弯事故多；凸形竖曲线与S形回旋曲线重合，容易引起事故；高速公路的纵坡度超过3%，事故增多等。认真总结使用道路的经验，从中会得到启迪。

至于保证安全感问题，也有规律可循。如保证视距通畅、侧向净空有足够宽度，在危险地段设安全栏，放缓路基边坡，消灭视觉盲点，采用曲线形路肩与曲线形边沟，避免急弯陡坡等。

4. 舒适要求

道路使用者在交通过程中，感觉到的舒适性，来自视觉、运动感觉和随时间变化

附录

产生的节奏感。

视觉舒适，在前面已有论述。主要从两个方面考虑。其一是线形本身平顺、连续。其二是与周围的环境协调，注意景观优美。

运动感觉也称平衡感觉，是耳内半规管对运动产生的感觉。如对在曲线上行驶的离心力的感觉，对在不同曲率的曲线段上行驶的离心力加速度变化率的感觉，对加速度、减速度的感觉等。为此，曲线要采用大半径，缓和曲线要有足够长度。

节奏感，在高速公路上做长时间运行特别重要。如果视觉环境和运动感到的动态无变化，人们会感到厌倦；反之，过分地急剧变化人们会感到张皇失措，这往往会造成事故。若刺激强烈和刺激迟缓适当反复出现，会产生一种节奏感，令人感到愉快的变化，振作精神。因此，在做道路设计时，注意到节奏感很有必要。

本文重点在于说明道路线形设计理论已发展到一个新阶段。明确提出道路线形设计新理论。对于旧理论，设计道路以满足汽车行驶对道路的要求为依据，静止地套用技术标准。对于新理论，设计道路以道路使用者对道路的要求为依据，以动的观点设计各个元素。新理论有待完善、发展，希望有更多的同志关心这个问题。

笔者学识浅陋，文中谬误之处，恳请批评。

（原载于《中国交通工程》1991 年 1 期）

北京城市交通综合评价目标体系

任福田　杨孝宽　刘小明

城市交通是维系城市正常运转的一个重要系统，它的优劣直接影响城市的发展。为了确切地评价城市各个时期的交通建设水平及其存在的问题；为了客观地比较同类性质城市的交通状况；为了有针对性地进行交通治理，需要有一个科学的综合评价城市交通的评价目标体系。

城市交通综合评价目标体系，可为决策提供相对的定量依据，为制定交通规划输送可靠信息，为交通综合治理找出确切目标。因此，城市交通综合评价目标体系的研究，成为亟待解决的重要课题。

笔者曾参加过北京城市交通综合评价目标体系课题的研究工作，现根据研究报告撰写成这篇文章，请读者指正。

一、北京城市交通综合评价目标体系

城市交通是一个多因素多层次的复杂系统，其评价体系包括几个子系统、分成若干层次、选用多少评价指标，取决于分析角度。如果把城市交通看作一个企业，则可从其设施优劣、服务水平高低、经济效益好坏等方面进行评价。而经济效益一般要考虑企业效益、用户效益和社会效益。若从构成交通业务的隶属关系分析，则可分成进路设施、客运交通、货运交通、交通管理和交通环境几个子系统……。因此，拟定评价体系要有所依据。在研究过程中，我们曾有如下几点考虑：

1. 评价体系的实用性

评价交通的目的在于检核交通现状、发现存在问题、有针对性地进行治理。因此，拟定的评价体系应当条理清楚、层次分明、简单实用。鉴于我国城市交通分散管理的现实，为使各业务主管部门的任务明确，主动地工作，改善交通，故将评价体系分成道路设施、客运交通、货运交通、交通管理和交通环境五个子系统和三个层次。

2. 评价体系的可比性

可比性是指如下两个方面的含义：其一是指拟定的评价体系，既能客观地评价同一城市不同时期的交通发展，又能评价同一时期不同城市的交通状况，因此子系统和层次的划分，应考虑到交通的沿革。其二是选取在一段时间内统计上通用的指标；同时，指标取其相对值，不用绝对值，这样便于比较。

3. 评价指标的筛选

当今在评价工作中，令人烦恼和困惑的不是缺少指标，而是有过量、不重要的、意义不明确及高度相关的指标。这些指标常常使专家们不知所措，无法使用。因此，入选的指标宜相对独立；在能说明问题的前提下，选用的指标个数尽量少。

实践告诉我们，说明某一特征的指标，可能有类似的若干个，我们只宜从中选取最有代表性的指标。例如，说明道路建设水平的指标有进路总长度、道路面积占整个城市面积的比例、路网密度、干道网密度、人均道路面积、车均道路面积等,我们这次从数量角度考虑,取用了人均道路面积;从分布角度考虑,取用了路网密度。

大家知道,我们所作的评价是相对的比较。所选用指标不在乎数量多少,而在于所选指标是否能反映交通发展的某种特征。指标个数的多少,应以能说明问题为准。在评价系统体系中,选取的指标多,确定各指标的权重很困难,这样会影响评价的准确性。同时,指标多,标定指标的工作量大,收集资料困难,这会影响评价体系的使用。

综上述,我们从度量交通设施水平、描述交通运营过程、表征效果的指标中,选取有代表性的指标。

所用指标的定义应当简明,便于标定,可定量度量。

据此,拟定的北京城市交通综合评价目标体系如图 1 所示。

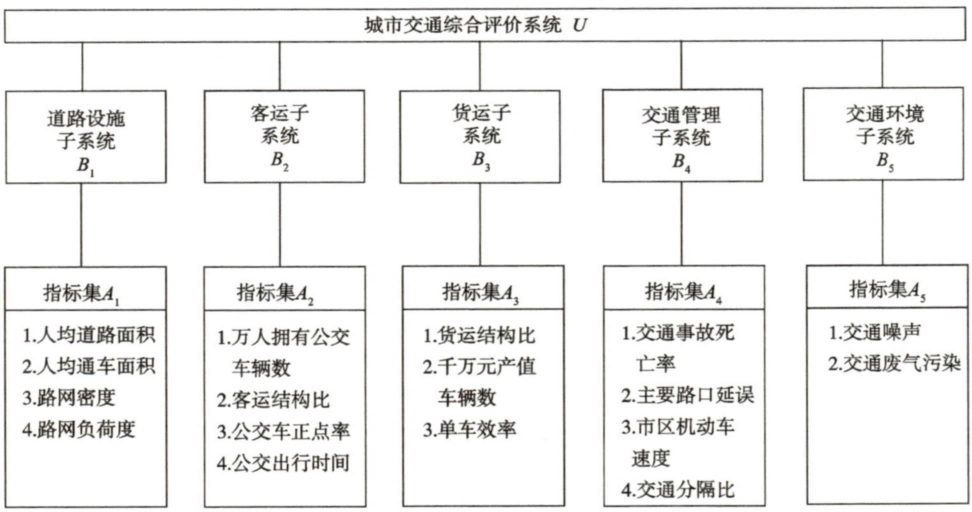

图 1　北京城市交通综合评价目标体系

二、评价指标的标定与分级

从众多的指标当中,筛选出 17 个指标。下面将给出各指标的定义、计算式和分级数值。由于各指标的量纲不同,不能直接累加作比较。因此,将各指标分级值换算成无量纲指数。指数的取值范围是:0.0 ~ 1.0,对应评价等级优、良、中、差,分为四级。

本文给出的指标分级值是针对北京市交通情况标定的，是进程值。随着时间的推移，交通条件的变化，这些数值应予调整。

本文给出的指标分级值是根据大量统计资料、经过数学加工划分的。例如万人拥有公交车辆数 A_{21}。据世界 167 个城市的统计资料，平均值为 11.7，统计曲线上 50% 位值为 10。1981 年底国内 221 个城市统计，平均值为 3.6。北京的 A_{21} 值为 7.5。据此，提出了表 2-1。

又如千万元产值车辆数 A_{32}，1985 年全国 37 个主要城市统计，统计曲线上单车效率最大的极值点，对应着 A_{32} 等于 25。意即该值最佳，多于 25 辆，浪费；少于 25 辆，不够用。故有表 2-2。

在划分分级数值时，同时还参考了城市近、远期交通规划的指标。

(一)道路设施子系统 B_1 的指标

1. 人均道路面积

1)符号：A_{11}。

2)定义：城市一定空间内，平均每个注册人口占有的道路面积。

3)计算式：

$$A_{11} = R_s/P \quad (\mathrm{m}^2/\text{人}) \tag{1-1}$$

式中：R_s——城市一定空间内的道路面积，m^2；

P——城市一定空间内的注册人口数。

4)分级(表 1-1)：

人均道路面积分级表　　表 1-1

等级	优	良	中	差
A_{11}	>8.0	6.01 ~ 8.00	4.01 ~ 6.00	≤4.00
指数	0.81 ~ 1.00	0.61 ~ 0.80	0.41 ~ 0.60	≤0.40

说明：(1)城市一定空间是指规划市区；

(2)道路面积指有铺装的且宽度大于 6m 的路；

(3)注册人口不包括流动人口。

附录

2. 人均停车面积

1）符号：A_{12}。

2）定义：城市一定空间内每个注册人口平均占有的社会公共停车场面积。

3）计算式：

$$A_{12} = P_s / P \quad (\mathrm{m}^2/\text{人}) \tag{1-2}$$

式中：P_s——城市一定空间内社会公共停车场面积，m^2；

P——同式(1-1)定义。

4）分级（表 1-2）：

人均停车面积分级表 表 1-2

等级	优	良	中	差
A_{12}	>0.33	0.23~0.33	0.12~0.22	<0.12
指数	0.81~1.00	0.61~0.80	0.41~0.60	≤0.40

说明：停车场面积包括机动车和自行车停车场面积。

3. 路网密度

1）符号：A_{13}。

2）定义：城市一定空间内道路长度占城市用地面积的比例。

3）计算式：

$$A_{13} = R_1 / U_s \quad (\mathrm{km/km^2}) \tag{1-3}$$

式中：R_1——城市一定空间内道路长度，km；

U_s——城市规划用地面积，km^2。

4）分级（表 1-3）：

路网密度分级表 表 1-3

等级	优	良	中	差
A 13	>2.20	2.00~2.20	1.2~1.99	<1.20
指数	0.81~1.00	0.61~0.80	0.41~0.60	≤0.40

4. 路网负荷度

1）符号：A_{14}。

2)定义:市区范围内代表性交叉口负荷度的加权平均值。

3)计算式:

$$A_{14}=a_1\sum Q_{1i}/n_1+a_2\sum Q_{2i}/n_2+a_3\sum Q_{3i}/n_3 \quad (1\text{-}4)$$

式中:Q_{1i}——第 i 个主—主(主干道与主干道相交)交叉口负荷度;

Q_{2i}——第 i 个主—次交叉口负荷度;

Q_{3i}——第 i 个主次—次交叉口负荷度;

a_1,a_2,a_3——分别为三类交叉口类型系数;

$$a_1=0.45, a_2=0.35, a_3=0.20$$

n_1,n_2,n_3——分别为三类交叉口个数。

4)分级(表 1-4):

路网符合度分级表 表 1-4

等级	优	良	中	差
A_{14}	≤0.60	0.61~0.75	0.76~0.90	>0.90
指数	0.81~1.00	0.61~0.80	0.41~0.60	≤0.40

(二)客运子系统 B_2 的指标

1. 万人拥有公交车辆数

1)符号:A_{21}。

2)定义:城市一定空间内每万人拥有的公交车辆数。

3)计算式:

$$A_{21}=10000P_n/P \quad (辆/万人) \quad (2\text{-}1)$$

式中:P_n——公交车辆数,包括公共电(汽)车、有轨电车及地铁车厢数;

P——同式(1-1)定义。

4)分级(表 2-1):

万人公交车辆数分级 表 2-1

等级	优	良	中	差
A_{21}	>10.0	7.01~10.0	4.50~7.00	≤4.50
指数	0.81~1.00	0.61~0.80	0.41~0.60	≤0.40

附录

2. 客运结构比

1）符号：A_{22}。

2）定义：年公交客运量与年客运量之比。

3）计算式：

$$A_{22}=P_c/G_c \quad (\%) \tag{2-2}$$

式中：P_c——城市一定空间公共交通的年客运量，人次；

G_c——城市一定空间总的年客运量，人次。

4）分级（表 2-2）：

客运结构比分级表 表 2-2

等级	优	良	中	差
A_{22}	>71	61 ~ 70	50 ~ 60	≤50
指数	0.81 ~ 1.00	0.61 ~ 0.80	0.41 ~ 0.60	≤0.40

说明：公共交通年客运量包括公共电汽车、轨道交通的年客运量。

凡骑自行车与公交换乘者，均计入公交运量内。

3. 公交车辆正点率

1）符号：A_{23}。

2）定义：正点到达中途和首末站车次占全天总发车次数的比率。

3）计算式：

$$A_{23}=T_p/T_t \quad (\%) \tag{2-3}$$

式中：T_p——抽样线路正点到达车次数；

T_t——抽样线路总发车次数。

4）分级（表 2-3）：

公交正点率分级表 表 2-3

等级	优	良	中	差
A_{23}	≥96	95 ~ 86	71 ~ 85	≤70
指数	0.81 ~ 1.00	0.61 ~ 0.80	0.41 ~ 0.60	≤0.40

4. 公交出行时间

1)符号:A_{24}。

2)定义:城市一定空间内的居民劳动出行一次所用时间。

3)计算式:

$$A_{24} = T_o + T_w + T_e + T_f \quad (\text{min}) \tag{2-4}$$

式中:T_o——乘车时间,min;

T_w——候车时间,min;

T_e——换乘时间,min;

T_f——步行时间,min。

4)分级(表 2-4):

公交出行时间比分级表　　表 2-4

等级	优	良	中	差
A_{24}	>45	45~50	50.1~58	>58
指数	0.81~1.00	0.61~0.80	0.41~0.60	≤0.40

(三)货运子系统 B_3 的指标

1. 货车结构比

1)符号:A_{31}。

2)定义:城市一定空间内交通部门运输车辆数与全社会运输车辆数之比。

3)计算式:

$$A_{31} = L_n/(L_n + L_s) \quad (\%) \tag{3-1}$$

式中:L_n——专业交通运输部门运货车辆数;

L_s——非专业交通运输部门运货车辆数。

4)分级(表 3-1):

货车结构比分级表　　表 3-1

等级	优	良	中	差
A_{31}	12.1~17	8.1~12.0	5.1~8.0	<5
指数	0.81~1.00	0.61~0.80	0.41~0.60	≤0.40

附录

2. 千万元产值车辆数

1）符号：A_{32}。

2）定义：城市每千万元工农业产值所拥有的货车数。

3）计算式：

$$A_{32}=1000(L_n+L_s)/G_v \quad (\text{辆/千万元}) \tag{3-2}$$

式中：L_n，L_s——同式（3-1）定义；

G_v——城市工农业的年总产值，万元。

4）分级（表3-2）：

千万元产值车辆数分级表 表3-2

等级	优	良	中	差
A_{32}	20.0～25.0	15.0～19.9 25.1～30.0	10.0～14.9 30.1～35.0	5.0～9.9 35.1～40.0
指数	0.81～1.00	0.61～0.80	0.41～0.60	≤0.40

3. 单车效率

1）符号：A_{33}。

2）定义：城市一定空间内每辆货运车辆的年平均运量。

3）计算式：

$$A_{33}=G_n/(L_n+L_s) \quad (\text{t/辆年}) \tag{3-3}$$

式中：L_n，L_s——同前；

G_n——城市一定空间内专业和非专业货运车辆总的年运量。

4）分级（表3-3）：

货运单车效率分级表 表3-3

等级	优	良	中	差
A_{33}	>2100	1800～2100	1500～1799	<1500
指数	0.81～1.00	0.61～0.80	0.41～0.60	≤0.40

(四)管理子系统 B_4 的指标

1. 交通事故死亡率

1)符号:A_{41}。

2)定义:城市一定空间内每万辆换算机动车的年交通事故死亡人数。

3)计算式:

$$A_{41}=1000C_n/(V_n+B_n/10)\quad (人/万辆年) \tag{4-1}$$

式中:C_n——城市一定空间内的每年交通死亡人数;

V_n——城市一定空间内的机动车拥有量;

B_n——城市一定空间内的自行车拥有量。

4)分级(表4-1):

万车死亡率分级表 表4-1

等级	优	良	中	差
A_{41}	<10.0	10.0~12.0	12.1~15.0	>15.0
指数	0.81~1.00	0.61~0.80	0.41~0.60	≤0.40

2. 主要路口延误

1)符号:A_{42}。

2)定义:城市一定空间内主要路口车辆延误的平均值。

3)计算式:

$$A_{42}=\frac{1}{n}\sum D_i\quad (s/辆) \tag{4-2}$$

式中:n——所测的路口数。

4)分级(表4-2):

路口延误分级表 表4-2

等级	优	良	中	差
A_{42}	<15.0	15.0-45.0	45.1-90.0	>90.0
指数	0.81-1.00	0.61-0.80	0.41-0.60	≤0.40

说明:(1)延误等于车辆在路口延误段长度内实际行驶时间减去在该段长按畅行速度行驶时间。

(2)延误是指通过路口所有车辆的平均值。

3. 市区机动车速度

1)符号:A_{43}。

2)定义:城市一定空间内机动车的平均行程速度。

3)计算式:

$$A_{43}=\sum_{i=1}^{m}V_i/m \quad (\mathrm{km/h}) \tag{4-3}$$

式中:V_i——所测第 i 辆车的行程速度,km/h;

m——所测车辆样本数。

4)分级(表4-3):

机动车速度分级表 表4-3

等级	优	良	中	差
A_{43}	>35.0	30.0~35.0	20.0~29.9	>20.0
指数	0.81~1.00	0.61~0.80	0.41~0.60	≤0.40

4. 交通分隔比

1)符号:A_{44}。

2)定义:城市一定空间设置交通分隔路段的长度与道路总长度之比。

3)计算式:

$$A_{44}=L_s/R_1 \quad (\%) \tag{4-4}$$

式中:L_s——分隔的道路长度;

R_1——同式(1-3)中定义。

4)分级(表4-4):

交通分隔比分级表 表4-4

等级	优	良	中	差
A_{44}	>80	70~80	50~69	<50
指数	0.81~1.00	0.61~0.80	0.41~0.60	≤0.40

(五)交通环境子系统 B_5 的指标

1. 交通噪声

1)符号:A_{51}。

2)定义:在交通干道两侧道路建筑线处因车辆行驶造成的噪音大小,以分贝dB计。

3)分级(表5-1):

交通噪声分级表 表5-1

等级	优	良	中	差
A_{51}	≤50	50.1~70	70.1~90	>90
指数	0.81~1.00	0.61~0.80	0.41~0.60	≤0.40

2. 交通废气污染

1)符号:A_{52}。

2)定义:在道路用地范围内,测到的大气污染程度。

3)分级(表5-2):

交通废气污染分级表 表5-2

等级	优	良	中	差
A_{52}	很低于国标	低于国标	等于国标	超国标
指数	0.81~1.00	0.61~0.80	0.41~0.60	≤0.40
	≤二级标准	<三级标准	不大于三级标准	>三级标准

三、评价方法

目前在评价中用得比较多的方法是广义函数法和模糊矩阵法,简称U法和F法。本文使用U法进行评价。

广义函数法通过构造广义价值(或效用)函数U,计算U中各分量的得分,经过加权求和,得到一个总分值。后根据事先制定好的档次表,确定系统的状况。具体步骤如下:

(1)根据交通实际情况,确定各指标的值。

(2)将各指标值变换成无量纲指数。

分中的统一用指数大小来表述指标的贡献多少。详见第二部分中的 18 个表。

(3)用下式计算子系统的得分：

$$U_i = \sum W_{ij} f_{ij}$$

式中：f_{ij}——第 i 个子系统第 j 个指标的指数；

W_{ij}——对应 f_{ij} 的权重。确定权重的方法很多。尽量多做一些分析比较，力求减少一些主观随意性。

(4)计算整个系统的得分：

$$U = \sum W_i(B) U_i$$

式中：$W_i(B)$——子系统 i 的权重；

U_i——子系统 i 的得分。

(5)用 U 值对照下表，确定系统所属等级：

系统分级表

等级	优	良	中	差
U 值	0.81～1.00	0.61～0.80	0.41～0.60	≤0.40

(原载于《交通工程》1995 年 1 期)

道路设计与运营中的人为因素

一、前言

掌握人为因素的有关知识，对正确地从事公路设计与运营以及改善现有低标准公路，均具有十分重要的意义。公路设计与运营的适宜性，在很大程度上是以行车安全与运输效能来度量。用路者在设计水平高的公路上行车，应当能将其能力的发挥与受环境的制约统一起来，提高驾驶行为的正确性。设计水平低的公路，就是设计与行车规律不符合，或公路的信息系统不当，导致险情增多，事故频发或运营效率低。

当今，对有限能源的需求量日益增加，用路者寄希望于借助人为因素改善道路使用品质，提高行车的安全系数与运营效益。作为交通工程师，应当了解驾驶作业及其效果。据统计，有80%以上的交通事故与驾驶员失误有关，有15%以上的行车里程浪费是由驾驶员迷惑所造成的；由于公路设计标准低也常常造成事故。因此，在公路干线、郊区公路和城市道路上，应当尽量减少驾驶员的失误，最大限度地提高其驾驶行为能力。

有很多人为因素，可作为指导设计与运营的基础——例如用路者的心理及其生理特性、心理需求、信息系统优化等。一般说来，凡是合格的驾驶员，在设计合理并备有恰当信息显示的道路上行车，其驾驶行为不会失误。

二、驾驶作业

图1是用于指导驾驶作业模型的概念框架。驾驶作业模型系以信息—决断—行动为基础，驾驶员从公路与交通环境中得到信息，通过记忆、思维、推理，作出决断，从而控制车辆。驾驶作业涉及许多方面，含有很多不相关动作。驾驶的每个动作又具有必要的相关信息。将相关动作分成控制、指导、运行的阶段，并根据安全的重要性与作业的复杂性列出层次。

城市道路与公路信息系统的设计应能传递有关全部情况，应考虑到道路的各个方面，包括几何线形、环境、危险情况的可察觉性、视认性等。

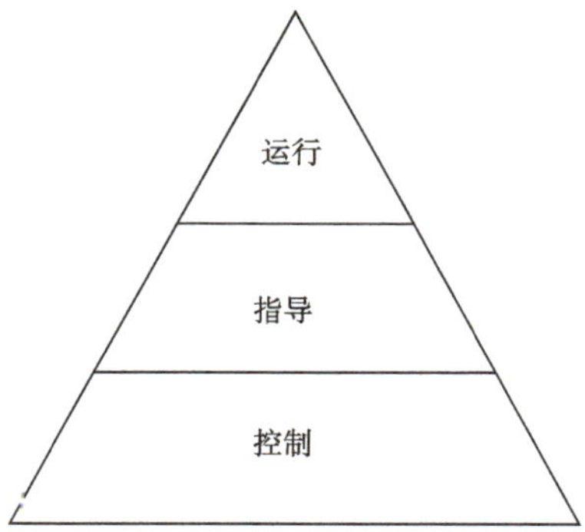

图1　驾驶作业阶段

事故有可能在各种情况下出现，故应对固定物——路旁树木、杆柱、路缘石、护栏等，流动物体——行人、车辆、牲畜等，路况——曲线、瓶颈路段、窄桥等，天气情况——风、雨、雪等及时作出适当的反应。未预料到道路设计特征或危险情况，都可能导致事故，或运营失败。因此，道路信息系统应与上述情况一致，及时通告驾驶员并告知如何避免发生事故。同时还有一个考虑到驾驶员接受信息与运用信息的有关问题。

三、采集信息

驾驶员通过感觉器官采集信息，坐在驾驶位置上，侦查、掌握车辆运行中的变化；

通过方向盘的摆动感知路面状况；在平交路口，听警铃、看信号显示；在行车过程中注意观察限行、标志、标线的变化以及环境特征等等。事实告诉我们，有 80% 以上的信息，来自视觉。

在作业期间，驾驶员几乎同时进行几项动作：察看信息源，作出决断并控制行车。对驾驶员来说，有的信息有用，有的信息不必要。对必要的信息，一定要可见、明确、有效。

驾驶员随时从一个信息转移到注意另一个信息，以便在行车条件、环境发生变化时，及时作出决断和预测。

处理信息所需要的时间叫反应时间，它随决断事物的复杂性与处理信息内容的增多而增加、反应时间包括觉察问题、估计情况、在连续动作中作出决定并采取措施所需要的时间。反应时间越长，失误机会就越多。约翰逊和鲁玛测量了对预料到与未预料到的信采取制动所用的反应时间。对预见到信号的反应时间约为 0.75s（少数驾驶员为 2s）；对未预料到信息的制动所需反应时间增加 35%。这样，对一个简单而又未预料到的信息作出决断与采取动作，有些驾驶员要用 2.7s；对于复杂或未预料到的信息作出决断，需要的时间更长。反应时间长，就减少了注意其他信息的适用时间，增加了失误机会。

在公路设计过程中，设计师、交通工程师和公路工程师应该考虑反应时间，确保运营效能。其中设计师对驾驶员的反应时间长短负有主要责任，例如线形设计不协调、有些信息使驾驶员捉摸不定难以判断，或有些信息很复杂，或有些受限制地点未加设标志，或视距不足难以发现险情等，都会增加反应时间。

四、视距判断

在一般情况下，停车视距通常是以熟练而机敏的驾驶员行车中发现险情时，从反应、决断到紧急制动、安全停车所驶出的距离为准。但是，在下列情况下，常规的停车视距就不适应了：例如交通过度复杂，使驾驶员难以收到信息；道路设计不协调、预警标志设置不合理，使驾驶员未料到或需要罕见的调车等。在这些情况下，即使采用交通控制手段加以补充，也不可能给驾驶员以足够的时间判断信息、调整行车。因此，在许多需要谨慎行车的地方要有较长的判断视距，给驾驶员以较长的时间。

判断视距是驾驶员完成下列过程所需要的距离：驾驶员从觉察未料到或难于觉察的信息源或发现、认识环境中的危险开始，到选择适宜的车速与安全路径所需要的调动距离。因此，判断视距给驾驶员避免失误以回旋余地并提供了调车时间，或降低车速而不用停车，所以判断视距大于停车视距。

在有可能发生失误的地点，需要有判断视距。希望设置判断视距的地点有：立交与平交路口、异常或未料到需调车地点、横断面有变化（如车道突然减少及出现视觉干扰）的地段、交通信息源繁杂地点、交通控制设施与标志混杂林立地点。如果实施有困难，应设预警标志。表1所列是判断视距与停车视距数值。

判断视距与停车视距

表1

车速(km/h)	48	64	80	96	113	128
判断视距(m)	198	251	312	396	442	502
停车视距(m)	60	91	137	198	259	335

五、预警标志

预警标志的作用是提前向驾驶员通报有关情况、事件的信息，使其心理有准备，为及时作出正确反应创造条件。预警标志会影响行车速度与反应的准确性，是交通设计、运营中很重要的指标。高速公路出口匝道设预警标志就是例证。

预警标志的主要作用是：

1. 在车辆运行中，使驾驶员在接近公路上常见情况与事件之前可有所准备。

2. 预示车行道特征愈好，失误机会就可能愈少。

3. 使驾驶员对突然发现的问题有所准备。

4. 在不协调的公路上运行，使驾驶员可预感到问题。

预警标志要与驾驶水平、驾驶中出现的问题相结合。预警标志与车速、路径、行进方向、车行道、环境、几何设计、交通运营和交通控制有关。

公路设计和运营与预警标志相配合，以利行车。异常的或不标准的设计，以及与预警标志相矛盾的运营都应该避免；设计的各组成部分与公路信息系统在交通系统中应互相协调。驾驶员从公路与交通控制系统获得预期的信息,其运行就可避免失误;一旦得不到预期信息或未料到的事件发生,则常肇事。预警标志与充分发挥公路的性能密切相关,它依赖于协调设计。

六、协调设计

在应用设计标准时,常常优先考虑造价与环境的影响,这就可能导致从一条路到另一条路、从一个路段到另一个路段出现横断面、线形、坡度以及其他设计特征的不相协调。设计师在选择适宜的公路几何图形时,要充分考虑用路者的生理—心理特性。

近五十年来,为适应增长的交通量、车速与安全要求,不断改进了设计标准。不同时期建造的各段路连接起来,常常出现线形、车道宽度或设计速度的不统一,特别是低标准公路多出现这种情况,如郊区双车道公路、某些城市的街道。

这些差异可能使公路不协调而给驾驶员附加了要求,从而影响交通安全和有效驾驶能力。多年来,在公路系统中,设计不协调现象逐年增多,与驾驶员预警标志相违背,从而降低了交通安全度。近来,技术人员已把注意力集中到了协调设计方面。奥哥勒斯认为:“公路设计最重要的唯一法则,可能就是协调。只要把各组成部分与预警标志一致起来,在标准上避免出现突变,就会使行车平稳,容易免除事故。”

公路协调设计的定义为:连接公路各组成部分的几何特征避免突然变化,且各部分的组合要与驾驶员的心理—生理特性及预警标志相适应。在任何公路设计中,组成部分的变化都可能出现,但问题是怎样使这些几何尺寸的变化不致造成公路在运营上的脱节而发生危险。

结合实验与现场考察,在一篇研究报告中提出,为避免设计不协调,事先应依下列次序考虑:

1. 平面线形与纵断面线形综合考虑;
2. 纵断面定线与交叉口结合考虑;
3. 平面线形定线与交叉口结合考虑;
4. 道路交叉设计与相关路网结合考虑;

5. 车道纵坡突降与线形结合考虑；

6. 分隔行驶的公路过渡段与线形结合考虑；

7. 平面线形走向变化；

8. 车道宽度的缩小；

9. 纵断线形的起伏变化；

10. 路肩宽度缩小。

七、预警标志评述

进行评述时，工程师与设计师需考虑现有公路或拟建公路影响驾驶员的那些项目。下列各因素就是按驾驶员预警标志的项目拟定的：

1. 驾驶员对某一地点是否可以发现其待征或标志的异常？对异常的道路主体交叉枢纽、交叉口设计、几何图形的末端、异常的运行、横断面变化、视线限制以及其他特征，都应当可以鉴别出来。其中每一项都有可能与预警标志不一致。例如，苜蓿叶式立交枢纽是一种标准形式，而在大量采用菱形立交枢纽的地区，就可成为“异常”。

2. 特征是否突出？即使某地点显示的特征并非异常，而在道路的特殊路段可能很突出。例如，一条路的所有路口都为左向出口，那么，就不希望出现标准的右转出口，这种突出的特征与预警标志相抵触。

3. 显示的特征是否有变化？驾驶员往往由于几何图形、设计或运营待性的变化而感到突然，在未适应新条件之前，容易犯错误。这些变化指横断面不同、车道使用上的变化、公路类型变化、地形变化、公路面层不同、立交枢纽间隔较近、人车混行等都可能与驾驶员的预警感不一致。这种变化可能是从一种标准具有的特征转变成另一种。行车中遇到这种变化，必然导致与预感有抵触。

4. 行车条件有何改变？显示特征发生变化，行车条件也发生变化。驾驶员在下列场所会遇到麻烦。例如：行政辖区变更可使车速限制不同——不准超车路段或信号配时都有差别；标志设置地点可能改变——在一个路段，有的曲线设有标志，而有的曲线就不设立标志；且驾驶员熟悉待定条件下行车，就希望延续下去——期望对上行在曲线上设置的标志与对下行在曲线上设置的标相类同；地方性公路瞬时发生的变化——道路维修、在平交路口火车运行的变更、交通组成的瞬时变化，以及其他异常事件的影响。

5. 视线是否受限制？如果在有足够反应时间之前，驾驶员得不到明晰的视界，就会对前方出现的特征措手不及。这样，在凸形竖曲线附近有立体交叉，或在平曲线上车道突然降坡，任何这种遮挡视线的特征都不希望出现。

八、驾驶员失误

发生交通事故的原因很复杂，或因道路设计不协调，或因信息系统失灵，或因驾驶员行为有误。

一般说来，用设计或运营措施不能弥补驾驶员的错误，但应使设计尽可能无可指责，以减轻各类失误的后果。正确的设计与运营可使有经验的驾驶员少出错误。大多数人都能正当开车，开车前不饮用含酒精的饮料，不疲劳开车。但是，驾驶员行车时间过长，其结果会导致行为失常。

在城市的某些地点，需要决断的目标相隔很近、土地使用稠密、设计复杂、交通繁忙、视觉受干扰，组合信息的处理使驾驶员心力交瘁，同时还要在紧迫中作几项复杂的动作。这样，驾驶员常常肇事。

在郊区，常出现相反的情况。需要判断的目标间隔较长、土地使用稀疏、线形平顺、交通量小、需要信息少，驾驶员不会超负担。但是，驾驶员往往忽略注意观察，对出现的异常没有发现、认识或未作出反应；或未预料到标志、信息源出现异样，也会造成失误。

因此，应对公路与最可能招致驾驶员肇事的环境特别留心。郊区双车道公路、城市高速干道、城市街道，是驾驶员最易肇事的地方。发现上述道路标准较低时，需进行有效的补救。在高速公路的某些地点，也有可能导致驾驶员肇事，所以工程师或设计师要慎重考虑，并采取相应的预防措施。

九、高速公路考虑的事项

高速行车降低了视力、压缩了视野、限制了接收与处理信息的有效时间。建议达到现代设计标准的公路，采用以下方法弥补这些局限性缺陷：

1. 使控制与指导项目简明易懂；

2. 给驾驶员提供适宜信息；

3. 将信息置于“明晰视力”范围内；

4. 移去障碍视觉的物体；

5. 加长需要判断的项目的间隔。

现代高速公路允许驾驶员在舒适与安全条件下高速行车。故应采用进路控制设计，减少潜在的车流冲突点；清除障碍，保证视距，提供适当的路旁地带，再加上其他安全因素的考虑。这样的高速公路就会使行车安全与高效。

虽然经过改进的设计已产生明显效果，但也带来新的潜在问题。例如：夜间高速行车，因为头灯照明，不能给某些驾驶员提供足够的反应时间；长时间高速行车，易使驾驶员产生疲劳，反应迟钝，注意力与警惕性降低。因此，工程人员在设计中应考虑这些不良后果，如避免长直线路段，结合地形使线形起伏、曲直变化自然，沿路修建休息、服务区等，都有裨益。

十、结论与建议

人为因素涉及的事项，对公路设计与运营有多方面影响。因此设计人员在设计公路时，认真考虑如何才能排除导致驾驶员肇事的种种人为因素的影响是至关重要的。如果技术设计标准能使工程师扩大公路的安全与运营效果，则与修建一条公路时的重要性一样。人为因素的影响，为改善现有公路，充分发挥其功能，提供了基础。

在考虑人为因素时，工程师与设计师应该认识驾驶员可能发挥的技能与环境的制约、车辆的特性、车行道的几何图形、运营情况以及公路信息显示之间存在着相互依赖关系。每种相互关系都应考虑，因为驾驶员“看到并能理解”道路的状况及有关信息，据此决定自己的行为。一条低标准的公路不可能正常运营，通常需设置增加吸引力的显示或将几何图形作某些改善，即可克服许多既有的缺点。

工程师与设计师的职责是建设一条有特色的公路，使其如何能与环境组成一个相关的整体，并使公路几何图形、交通与交通控制设施能给驾驶以良好的影响。无论公路设计与运营是否能互相弥补缺陷，均应重视视觉质量。对潜在“超负荷”与“低负荷”的地点，应进行鉴别和调整；根据复杂事物对视觉的干扰以及是否需要特殊调动车辆，来决定足够的视距。此外还应指明，几何图形的不协调与驾驶员预警标志相违背的其他源头均需一并加以改善。

总之，工程师与设计师在设计、修建公路时，必须重视人为因素，严格设计与运营，给用路者提供充分、可靠的信息，力求驾驶员行车与道路协调。这样，通常会提高交通安全系数，产生良好的运营效果。

原著：B. B. 西里亚诺夫（俄）

译者：薛宗蕙

中国交通工程展望

任福田　刘小明　金　淳　柴旭东

（北京工业大学）（北京人民警察学院）（北京工业大学）

摘　要：本文基于中国交通工程发展现状，参照国外交通工程发展动向，提出了中国交通工程面临的6个研究课题。

关键词：交通工程

1930年，美国成立了交通工程师协会，标志着交通工程学的诞生。初期，交通工程学的研究范围局限于道路交通。继而将研究范围拓宽到铁路、水运、航空交通和管道运输。在1975年，交通工程师协会更名为运输工程师协会。本文以中国交通工程的发展现状为基础，参照国外交通工程的发展趋势，展望中国交通工程的未来，论述范围只涉及道路交通。

1　中国交通工程的发展现状

1.1　交通流理论研究

交通流理论是用物理与数学的定理、方法，定量地描述交通流特性，是交通工程学的基础理论之一，对道路交通系统的规划、设计、管理具有指导作用。国内对交通流理论的研究，没有从纯数学、物理学角度入手，而是结合具体交通问题开展工作，取得了一些成果。

东南大学用穿插理论研究环形交叉路口的通行能力。同济大学用冲突点法研究十字路口的通行能力。交通部公路研究所结合路口信号控制，建立了交通平滑离散模型。北京工业大学在研究灯管路口通行能力的过程中，研究了路口直行车队的车辆跟驰模型、路口自行车行驶状态的流体力学模型与通行能力计算公式。近年来，研究了高速公路交通流特性，开发了高速公路交通仿真程序。

1.2 交通规划理论与方法的研究

交通规划是研究在一定土地使用条件下的交通需求与交通供应的平衡关系。我过去编制交通规划，实际上是拟定道路网规划，且以定性分析为主。自引进了交通工程学以后，编制交通规划，名副其实地是拟定包括场站在内的各种交通方式的综合交通规划，且以大量占有数据的定量分析为主。自 20 世纪 80 年代初开始，应用美国 50 年代提出的 UTPS，先后对天津、徐州、上海、北京等 30 多个城市进行了大规模居民出行调查，编制交通规划方案。在这个过程中，各地根据实际情况，对模型作某些修改、标定参数、编写计算程序。值得一提的是东南大学对非平衡交通分配模型作了有益的改进，并提出了动态多通路交通分配模型。北京工业大学对交通预测提出多角度预测理论与方法，提高了中、长期预测的可信度。

与此同时，北京工业大学开辟了交通枢纽规划新领域，提出了客运枢纽原理与选址方法、货运枢纽规划原理与选址方法；西安公路学院提出了用总量控制法编制公路网规划。

1.3 道路交通系统安全理论研究

交通安全是涉及人身生命和国民经济损失的重要问题，一直受到各部门的重视。北京工业大学交通工程专业，自 1979 年成立以来，把道路交通安全作为自己恒定的研究方向。10 多年来，他们以人的因素为主体，综合分析影响交通安全的道路条件、用路者的条件、车辆条件和交通环境等诸多因素，揭示了一些产生交通事故的机理和规律。所见到的成果有：交通安全灰色评价方法；道路交通安全模糊综合评价方法；道路交通事故成因分析；城市道路交通事故的特性研究；危险路段的判定与改善；交通工程心理学；多角度预测交通事故的方法等。

1.4　交通系统分析与交通管理技术

在交通管理的实践中，逐步形成了使交通渠化、交通管理需双向控制的思想，并明确提出交通综合治理的口号。渠化是变无序交通为有序交通的一种技术；双向控制是指在最大限度地发挥现有交通设施的功能的同时，兼控交通需求，否则交通管理无法奏效；交通综合治理是指运用系统工程、交通工程的理论科学地治理交通。在这种思想的指导下，做了如下工作。

(1)自1979年起，在全国公路上建立了11262个间隙式交通调查点和183个连续式交通调查站。系统地观测公路交通量、车速、交通组成等数据。在上海、北京、哈尔滨、福州几个城市的街道上建立交通观测站，检测城市道路的交通变化规律。

(2)制定了道路交通标志标线规范；修订了道路交通管理条例。

(3)在大中城市和高速公路上，广泛应用标志、标线等交通管理技术。

(4)北京、深圳等城市采用了交通区域控制。

(5)在交通管理部门，推广了计算机交通事故管理系统。

1.5　交通设施设计理论与方法

道路是最主要的交通设施，如何使道路符合行车规律，如何使道路满足用路者的旅行需求，如何使道路勘测设计自动化，一向是广大道路交通人员追求的目标。

“七五”期间，国家作为重点攻关课题研究了公路设计CAD，取得了一批成果。目前，交通部公路勘察设计院和部分省市交通设计院，以及有关院校有公路设计CAD软件，可用计算机从事道路设计。

在设计理论方面，北京工业大学提出了道路线形设计新理论。旧理论以满足汽车行驶要求为出发点，静止地分析问题，孤立地设计；新理论是以满足用路者的出行需求为出发点，动态地分析问题，强调协调设计。

2　国外交通工程发展动向

在经济发达的国家，如美国，交通建设已相当发达，且多已定型。目前，美国有铺砌路面的公路已超过640万公里，高速公路近7万公里，城市建设已具规模。因此，早已将重点转移到交通管理方面。

1975年9月，美国城市公共交通局和联邦公路管理局提出交通系统管理，即TSM（Transportation System Management）。该项措施是非设施性和低投资性管理，旨在节约能源、改善交通环境，充分利用现有道路空间、控制车辆和车辆出行、协调各种交通方式，力求整体效率最大。此间注意研究大众捷运系统，倡导步行，对公共交通实行优惠政策，鼓励合乘，减少客流、车流，大力挖掘现有交通设施的潜力。

80年代后期，美国交通界富有见识的人士就关心美国州际国防公路网建成后，交通建设的经费投向何方，美国的交通政策如何，经过长期的、广泛的、民主的协商，于1991年美国国会通过了"美国地表运输联运及效率法案"（ISTEA，即Intermodal Surface Transportation Efficiency Act of 1991）。因为该法案的缩写与英文中的冰茶ISTEA谐音，所以人们通常称之为冰茶法案。

该法案是对美国30多年来兴建州际公路为主导情况的结束，是指导美国交通施政的依据，具有划时代的意义。

冰茶法案的政策性声明是："美国政府的政策是要发展国家联运交通系统。该系统在经济上有效率，节约能源，环保可靠，为国家在世界经济竞争中提供基础，有效地运送人和货物。"

冰茶法案的内容有8章：

（1）地表运输法案　该章包括建立一个约155000英里的国家公路系统和现有道路改善计划、桥梁改善计划、特殊交通工程计划。特殊交通工程计划囊括万象，如磁悬浮技术发展、收费道路设施、拥挤税、国家旅游路径、城市规划机构等。

（2）公路安全法案　本章主要覆盖一些非营建性的安全措施。如安全带、安全帽、酒后开车等以及安全研究计划。

（3）联邦公共交通修正法案　规定将城市公共交通局改为联邦公共交通局，联邦

附录

政府对地方公共交通实行补贴。

(4)货运法案。

(5)联运(Intermodal Transportation)　鼓励发展联运,计划在全国建成联运系统。

(6)研究　该章包括3部分,其一是拨款支持1987年战略公路研究计划的推广应用,在5所大学成立5个交通研究中心;其二是拨款研究智能车路系统(IVHS——Intelligent Vehicle Highway System);其三是研究先进的电动车辆及其他交通系统。

(7)航空交通。

(8)财务　冰茶法案颁布后,在美国交通界产生很大冲击。其中影响深远的问题是:①研讨和规划联运系统,增加了公共交通与公路的互补性。②州政府和城市规划机构增加了运输规划任务和相关人员。③研究实施智能车路系统。

1994年,美国联邦公路管理局正式与"通用汽车"和"马丁马里亚达"为主的研究集团签订一个超大型合约,涉及60多个单位,预计在7年内建成自动化高速公路实验路段。

智能车路系统是设计非传统性交通控制科技最多的项目。需要制造具有自动接收及反应动态路网信息能力、具有自动安全侦测能力与运行的车辆;需要高度自动化的公路运行系统。

智能车路系统包括6个子系统:①先进的交通管理系统;②先进的旅客信息系统;③先进的车辆控制系统;④先进的公共交通系统;⑤先进的商业车辆运营系统;⑥先进的郊区交通系统。

这种趋势也代表了经济发达国家的交通发展动向。实际上,从80年代后期起,日本也在研究车辆信息通讯系统VICS(Vehicle Information Communication System)。欧共体在执行DRIVE研究计划中,也有类似的内容。由此可见,研究车路信息系统已是必然规律。

3　中国交通工程展望

基于上述分析,笔者认为,未来中国交通工程的发展,会遇到以下几个需要优先研究的问题。

(1)交通模式　这是一个政策性很强的问题，而且涉及的内容很多，其目的是如何形成合理的综合交通体系。为此，需要研究：航空、铁路、公路、水运、管道运输随着国民经济的发展如何分工；公路货运系统中的各种吨位车辆的比例；城市客运系统中，私人交通工具、公共汽车(电车)、地铁、轻轨、通勤铁路等结构如何；各种交通方式的特点、功能、使用条件；各种交通方式间的衔接转运等。

当前交通发展中的热门话题之一是小汽车如何发展？笔者拙见，我国小汽车交通的发展，不宜走英美的发展老路，一定要从我国实际出发，考虑我国人口多、耕地面积少，全国只有18.78亿亩耕地，人均1.56亩，修路占地受到限制，国家能源不足，环保制约等国情。因此，小汽车的发展需要正确引导，不可盲目发展。

(2)交通规划理论与方法　在应用美国交通规划的方法中，发现该法有花钱多，历时长，烦琐等缺点，需要研究改进。要投入力量，研究公路网规划理论与方法；研究城市交通规划理论与方法；研究交通枢纽规划理论与方法。

(3)制定标准、规范　为使交通建设、交通管理规范化，需要制定有关技术标准，如道路通行能力、交通设施与设备等标准。为此需要研究各种道路路段、路口的通行能力，需要研究标志、标线、信号灯、护栏等设施的适用条件、费用效益比等。

(4)道路交通安全　目前，我国每年道路交通事故死亡6万多人，经济损失几十亿元人民币，对社会的影响很大。作为交通工程永恒的研究课题的交通安全，应当研究交通事故规律与产生机理，研究道路条件与交通事故的关系，从而反馈给道路设计，改善道路线形设计理论与设计方法，以期修建出符合行车规律的道路；研究用路者的生理、心理特征与交通事故的关系，以便合理遴选驾驶人员；研究车辆状况与交通事故的关系，以期改进车辆结构、完善安全设备。研究交通管理的理论与有效措施。

(5)交通环境保护　交通是环境污染的重要来源，随着人们对环境质量要求的提高，需要控制交通对环境造成的污染。我国在这方面尚缺乏足够的重视。为此，需要在交通建设项目可行性论证中加入环境评估内容，并研究制定交通环境评估的方法，以及对交通环境质量的要求。

(6)先导性研究　目前,国外所从事的某些研究项目,如智能车路系统,对于我国的实际情况,可能离得远一点。但是,这种研究项目,很可能是若干年后我们会遇到的,而且其中某些技术,当前就可以采用。我们不妨也组织一定力量进行研究,以作技术储备。

又如,对交通流理论的研究。目前尚没有一个统一的交通流理论,而且国外近 20 年,在交通流理论研究中进展缓慢,这种问题也可进行研究。

上述展望乃一孔之见,望交通界同仁指正。

参 考 文 献

[1] 任福田,等. 交通工程学导论. 中国建筑工业出版社,1989.

[2] 刘以成,等. 交通工程手册(手稿).

[3] 李钰,李峰. 指导美国未来交通运输业的“冰茶法案”. 道路交通工程,1994.2.

[4] 张金琳. 自动化高速公路管理运行系统. 中美科技简报,1995.13(1).

(原载于《中国公路学报》1995 年增 1 期)

城市公交优先的理论问题

任福田　荣　建

摘　要:本文提出公交优先是政府为公共交通制定优先发展政策,培养居民优先选择公交出行方式的意识,交通管理部门为公交优先积极创造条件的一项综合策略,是城市客运交通实现良性发展的必由之路。列举了公共交通在人均占用道路面积、人均占地停车面积、油耗、环保等方面的优越性,提出了树立优先公交意识和为公交优先创造条件可采取的措施。

关键词:公交优先　城市客运交通

1　引言

公共交通优先是编制城市交通规划应当借鉴的一条成功经验,是缓解城市交通拥挤状况的有效措施。1977 年 12 月，在秘鲁召开的国际现代化建筑会议上，与会者签署的马比丘宪章指出："将来城市交通的政策，显然应当是使私人汽车从属于公共交通系统的发展。"十多年前，我国科委公布的蓝皮书中国技术政策第九号，对城市客运交通的发展政策明确指出："大力发展公共交通，目前以公共汽车、无轨电车为主，发展出租汽车。特大城市应逐步发展快速有轨电车、高架及地下铁道，吸引更多居民使用公共交通。特大城市限制发展私人摩托车，不鼓励发展其他私人交通工具。"遗憾的是，大力发展公共交通的政策未能贯彻。

今年来，国人面对城市交通迅猛发展的势头，面对特大城市交通拥堵的惨状，不得不重新思考中国城市交通的出路，于是实行公共交通优先的呼声四起。这也可以说是城市客运交通发展的必然归宿。大力发展公共交通，实施公共交通优先不是发展城市客运交通的权宜之计，而是使城市客运交通实现良性发展的一项根本措施。所谓公交优先是指：政府，作为行政管理部门，应当制定优先发展公共交通的政策；居民，作为交通出行的主体，应当树立优先选择公共交通方式出行的意识；交通规划、交通管理部门，作为政策的实施单位，应当创造公共交通车辆优先通过的条件。

2 优先发展公共交通之理

优先发展公共交通，不是一些人杜撰的口号，而是在组织城市客运的过程中，交通工作者摸索到的客观规律。在一个城市里，道路用地面积占城市用地面积的比例是一定的，其中等水平是 20% 左右。因此，在城市里如何最有效地使用这极为有限的交通资源，成为交通工程人员追求的目标。就目前常用的交通方式而论，有轨道交通、公共汽车、小汽车和自行车，其中公共汽车、小汽车和自行车各自占用道路空间的情况见表 1。

由表 1 可知，公共汽车与小汽车、自行车相比，人均占用的道路空间最小。小汽车出行，人均占用城市道路空间是公共汽车的 45 倍。也就是说，从车辆行驶占用交通资源角度比较，一辆公共汽车可替代 45 辆小汽车。

车辆占用道路空间的情况 表1

交通方式	公共汽车（铰接）	小汽车	自行车
平均动力净空(m)	23.30	30.00	7.95
车道宽度(m)	3.75	3.00	1.25
载人(个)	95	2	1
人均占路(m^2/人)	0.92	45	9.94

注：公共汽车车速以20km/h计，小汽车车速以30km/h计，自行车车速以12km/h计。

乘小汽车出外购物或观光、访友，社会必须为每一辆出行的小汽车提供停车位，约30m^2/人，而铰接公共汽车为0.74m^2/人，两者之比是1:41。

小汽车百公里耗油平均是10L左右，公共汽车百公里耗油平均为35L左右，两者按人均相比相差十几倍。

从环境保护的角度分析，各种车辆的排污情况见表2。

车辆排污情况(g/km) 表2

废气 / 排放量 / 车种	CO	NO_x	HC	Σ
公共汽车	37.23	16.82	15.98	70.03
小汽车	36.09	0.92	3.17	40.18
自行车	0	0	0	0

考虑到车辆的载容量，以小汽车替代公共汽车时，对大气的污染会增加二十几倍(17.09/0.74)倍。

从上述分析可见，在组织城市客运交通时，大力发展公共交通方式，实施公共交通优先的政策，确实是实现城市客运交通良性发展的最佳策略。

3　优先选择公共交通

“公交优先”是着眼于运营管理的提法，“优先公交”则是强调人们主观思考的反应。

住在同一城市的居民，为了城市的发展，为了生存质量的提高，为了每个人的出行顺利，所有人都应该树立优先选择公共交通方式出行的意识，特别是对有条件坐小汽车出行的那部分居民，更具有实际意义。

拥有私人小汽车的人们，在尽情享受汽车文化优越性的同时，应当想到在城市中心区、在交通高峰时段，路上车多为患，裹足不前的情景。所以在目前的道路交通条件下，改乘公交车行，对公有利，对己也方便。国外不少拥有私人小汽车的人们，在上下班时，选用公共交通工具，值得学习。

有条件乘坐单位小汽车出行的人们，在思考提高出行效率的同时，也应该想到客观现实所允许的条件。否则，事与愿违。因此，在出行时，可乘公共交通工具者，就不坐小汽车；必须驱车外出的，应尽量合乘，多办几件事，杜绝无效交通。

单位配备了小汽车的人们，在顾及到舒适方便的同时，是否也需要改变一些出行观念？例如同住一个院、同到一个单位；同去参加某一活动……这种情况，实行合乘，或改用面包车接送，才是合理方案。

居民出行选用何种交通方式，由当事人的判断而定。从选择交通方式的理论分析，出行者主要考虑出行时间长短；花费多少；准时；安全、舒适和方便等项因素。

目前，有些人之所以不优先选择公共交通方式出行，除主观原因外，也存在客观原因。对此，一方面应加强宣传，另一方面要创造条件，让更多的人喜欢公共交通。

4 为实施公交优先创造条件

4.1 规划方面

大力发展公共交通，合理布设公交线路，扩大公交覆盖面；调整站点，方便换乘；改善行车条件，提高行车速度。其中做好公交线路网规划，定出比较恰当的线路密度至关重要。公交线路网最佳密度可按下式估算：

$$\delta = \sqrt{\frac{2V_t W}{3F\mu V_w}}$$

式中，δ——公交线路网的最佳密度，km/km^2；

V_t——公交车辆运营速度，km/h；

W——运送城市旅客所需车辆数，辆；

V_w——乘客步行到车站的速度，km/h；

F——布设公交线路网区域的面积，km^2；

μ——公交线路重复系数,可取1.2~1.5。

从实际经验来看,公交线路网密度可取3~4km/km^2,线路网间距可取500~700m。在市中心区取值大一些,而在市边缘区取值小一些,这样能使乘客乘坐公共汽车更方便。

4.2 运营方面

按客流规律编制行车时刻表,组织联运,用优质服务吸引乘客。

实施公交优先的着眼点不是约束公共汽车,让小汽车行驶方便,而是为公共汽车顺畅的行驶创造条件,让公交车辆成为便捷、便宜、舒适的出行工具,从而吸引更多的人选择公共交通方式出行。如果实施了公交优先,却没能吸引乘客,那无疑会使本来紧张的路面交通雪上加霜。

4.3 交通管理方面

交通管理部门采用各种管理措施,保证公共交通车辆优先通行,行驶通畅。在路少车多的情况下,给公共交通一些优惠,自然会给小汽车行驶带来一点不便,其目的就是希望公共交通呈现出优越性,让更多的人选择公交出行。

实施公交优先,通常采用开辟公共汽车专用道的办法。在公交专用道上,只允许公共汽车行驶,而禁行其他车辆。在路口,则设置公交优先信号机。当检测器检测到公交车辆的信号后,将命令传送到信号机,为公共汽车现实通行色灯。为了方便公共交通,有时对公交解除某些限制。如在单行道路上,允许公共汽车双向通行;禁止左转的路口上,允许公共汽车左转等等。

5 小结

北京城市交通状况与过去比,路上的车辆多了,堵车的路口、路段也多了,交通很拥挤。如果与未来相比,你会发现,今天的交通状况相当好,值得留恋。这不是危言耸听,而是提醒大家尽快采取可行的措施,花大力气发展公共交通,实施公交优先策略,组织各种交通方式联运。否则,城市交通将会每况愈下。

参 考 文 献

[1] 任福田,徐吉谦,朱长仁.交通工程学导论.北京:中国建筑工业出版社,1987.

[2] (俄)弗什里松.城市交通.任福田,译.北京:中国建筑工业出版社,1984.

[3] 徐吉谦.关于城市客运交通发展战略探讨.中国交通工程学会1997年年会论文.

(原载于《城市公共交通优先论文集》,1997年10月)

交通需求管理

任福田　刘小明

摘　要:本文论述了交通需求管理的必要性,以及国内外交通需求管理可采取的措施。

关键词:交通需求　交通管理

附录

交通管理是维持城市功能正常运行的基本措施。交通管理学是一门综合性学科,涉及社会学和自然科学的理论与方法。交通立法与执法,交通安全宣传与教育等属于社会科学范畴。交通科学管理中的某些技术措施和工程措施等划归于自然科学领域。

最初,交通管理只着眼于已形成的交通,后来,从实践中意识到,仅仅采用设立标志,限制速度,疏导车辆,提高道路通行能力等措施,总是处于被动状态,要争取主动,需要对如何产生交通进行管理,这就是通常所说的交通需求管理(TDM)。

1975年6月2日,新加坡规定在市中心区4.8平方公里的范围内,实行进入许可制。星期天、节假日除外,星期一至星期五的上午7:30到9:30,单乘小汽车,乘4人以下的出租车不准进入。这种特许规定,随着实际运营效果进行修改。1975年9月17日,美国提出交通系统管理措施,在其管理目标中规定了在交通拥挤地区,控制车辆发展,削减交通量。

交通需求管理不是某些人的杜撰，而是交通可持续发展所必需。

理由之一：城市交通设施的容量有限。

城市道路(包括停车场)面积占城市用地的比率称为城市道路面积率。通常用该项指标来度量城市交通空间的大小。一个建设定性的城市，道路用地只是城市占地面积的一部分。经验而论，城市道路面积率以20% ~25%为宜，但有的城市不足10%，美国首都华盛顿居高，为43%。城市交通空间有了定值后，城市所能容纳的交通量也就随之而定了。当交通量等于或大于容量时，就产生交通拥挤、堵塞。交通管理者的职责驱使其采用交通需求管理措施，保持交通量小于交通容量，维持交通通畅。

理由之二：交通需求持续增加。

国民经济高速增长和人民生活水平的持续提高，对交通产生了更大的需求。北京市的汽车拥有量1986年为47万辆，1998年6月为130万辆，增加了近两倍。随着居民收入的增加，居民生活丰富多彩，改变出行方式，日出行次数增加了。目前我国城市文化水平还不高，每年都有农村的剩余劳动力转移到城市，流动人口的日出行次数是城市居民日出行次数的3倍左右。

另外，我国城市老城区的人口密度比国外某些城市大，见表1中国对十座二百万人口以上的城市统计结果，老城区人口平均为2.17万人/km^2，而国外每平方公里才几千人。居住密度大，出行量大且集中，致使在某个时候，交通量超过交通容量，造成交通拥堵。

城市人口密度　　表1

城市	洛杉矶	巴黎	伦敦	新加坡	曼谷	北京	上海
密度(万人/km^2)	0.25	0.29	0.65	0.5	0.3	2.7	5.0

理由之三：我国土地资源少，不能扩大道路面积率。

我国耕地面积有20.6亿亩。自1990年以来，每年减少耕地500多万亩。我国城市的数量增加很多，目前已有700个，百万人以上的大城市有三十多个。虽然增大道路面积率可多容纳一些交通。但从可持续发展理念出发,不能增大道路面积率,而应控制交通需求的无限制膨胀。

理由之四:净化环境的要求。

汽车排放的废气、卷扬的粉尘和振动、噪声,是城市重要的污染源。汽车废气中含有 CO、NO_X、HC 等多种对人身体有害的物质。从保护环境的角度来说,应控制汽车交通的需求量。英国伦敦、曼彻斯特等城市正贯彻增加自行车使用量、减少各种汽车的行驶里程,净化环境、避免形成酸雨的战略。罗马市政府为减少汽车尾气对空气造成的污染,正创造条件,给自行车使用开绿灯。

北京市的空气污染严重,质量差,居民深受其害,产生了不良影响。为提高市民的健康水平,提高北京市的荣誉,减少汽车的使用量无疑是最可走的一步棋。

需求管理的措施:

一、控制车辆拥有

1. 汽车拥有税

在购买汽车时需增加汽车拥有税,并且在车辆使用过程中每年交纳。改税与汽车使用频繁程度无关。

2. 汽车牌照税

为达到控制汽车拥有量的目的,增加首次登记牌照的税额。

3. 年检费

每年年检对车辆性能提出严格要求,达标者,交相当额度的年检费;不达标者,回去修理后再检。因对车辆性能要求严,修理需要多花钱。

登记车辆者必须有停车位的证明。停车位需交相当数量的费用。否则,不予登记购买。

4. 定额供应

严格定额供应可有效地控制机动车的拥有量。根据道路现有容量,新建道路增长速度,汽车报废情况,规定每年发放购车证数量。

控制车辆拥有量的各种措施,应谨慎从事,否则也会产生某些漏洞。如在车辆拥有水平低的郊区购车,到市中心区使用;黑市炒卖牌照指标;或利用手中分发购车指标的权利收受贿赂。香港、新加坡采用控制车辆拥有的措施收到成效,达到了缓解城市交通拥挤的目的。

二、控制车辆使用

1.单双号行驶

单数日允许单数牌号车辆通行;双数日允许双数牌号车辆通行。这种方法在雅典、墨西哥、汉城、北京使用过。

2.市中心区禁入

在某段时间内,禁止某种车辆进入市中心区。如意大利的米兰,在上午7:30至下午4:30禁止私人小汽车经过市中心,香港在早、晚高峰时段,禁止任何型号货车经过主要居住区。

3.调节道路使用空间

变双向行驶的道路为单向通行;将机动车道改为步行道,禁止机动车通行;开辟公共汽车专用道;开辟自行车专用道;划出高载客率车道。

4.限行

限制某种车辆在某时段行驶在某路上或进入某一地区,其中对货车行驶时间需认真安排。

5.错峰上班

某城市的交通高峰时间是一定的,为削减高峰时间的交通量,可实行错时上下班,或采用弹性工作时间,错开工作出行的高峰时段。

6.合乘

号召、组织、鼓励去同一方向上班的人员合乘一辆车。合乘人轮流提供车辆。这样,若四人合乘,则变四辆车出行为一辆车出行。既减少了路上交通量,又减少了对环境的污染。

7. 调整使用费

提高汽车使用费是非常简便的控制交通需求的措施。它可以直接影响汽车的使用成本，达到减少汽车使用的目的。同时又增加了财政收入，通常采用的方法是增加燃料税，提高汽车零件、轮胎的价格。不过，后者会产生减少车辆正常保养的缺点。

收过路费、过桥费也属于此列。1984 年香港海底隧道用加倍收费的方法，使出租车和小汽车的通过量减少 15%。广州用该方法调整五座跨河桥上的交通量，也收到效果。

8. 停车控制

城市中心区交通拥挤，用控制停车需求的方法减少该区交通量。如定额供给停车位数，提高停车收费。这种措施对过境交通不起作用。还会产生为寻找停车位而增加绕行。

9. 特许证制

在规定时间，对特定地区，需持有事先办理的特许证方准进入。这种方法对控制交通量效果明显。

10. 组织运货

经过论证，将货运交通安排在夜间。车站、码头、仓库办理送货上门，避免各用户单独取货产生无效交通。

三、做好规划

在城市客运交通中，工作出行是最应该认真解决的问题，因面广、量大、集中，在规定的很短时间内，必须将劳动者准时送到各自的工作岗位。如果在城市规划时，能注意到就近上班问题，那就会避免住西城，到东城上班，家在南城，工作单位在北城的现象。同时劳动者减少了出行疲劳程度，有利于身心健康，有利于提高工效。在城市里，居民都做到就近上班有难度，但有条件的前提下，注意安排一些人就近上班是可能的。这样，对交通大为有利。

参考资料

[1] 北京市城市规划设计研究院，北京市科学情报研究所课题组. 世界大城市交通研

究. 北京:北京科学技术出版社,1991.

(原载于《道路交通与安全》2002 年 1 期)

城市交通问题之管见

任福田

摘　要:本文列举了大城市出现的交通问题。明确指出发展城市交通、改善城市交通不能单纯依靠交通规划、交通管理、采用技术措施,必须结合城市规划、城市管理找出路。

关键词:城市交通　城市规划　城市管理

城市交通问题遍布国内外各大城市,困扰着市政当局,影响着居民的正常活动,制约着城市经济的发展,引起社会的关注。本文不拟详细分析产生城市交通问题的根源,因为论述这方面的文章很多,只想扼要列出城市交通发展过程中出现的带有共性的几个问题,并从宏观角度谈谈对解决城市问题的思考。

1　城市交通问题

经验之谈,在城市发展过程中出现了以下问题:

1.1　交通量增大,车速下降,交通拥挤

随着城市经济发展,车辆增多,居民出行次数增多,路上交通量变大,交通流特性决定了车速下降。据美国《道路通行能力手册》第四版,即 HCM2000 推算,若城市道路设计车速为 60km/h,则 E 级服务水平的车速为 21 ~ 26km/h,F 级服务水平的车速 <21km/h。路口 E 级服务水平的延误 >60s/辆。E 级服务水平,交通量接近通行能力值,车速很低,驾驶自由度极小,舒适和方便极差,交通流不稳定,稍有波动,都会引起中断。F 级服务水平,交通流处于强制流,到达车多于离去车,排队车辆停停走走,北京有一些路口车辆延误 >60s/辆,如瓷器口延误 61.2s。主干道平均行车延误 48s/km,车速很低。北京的交通实在拥挤。

1.2 停车困难

各个城市的机动车,每年以 >15% 的速度增加,停车成了大问题,社区甬道停满了车辆,社区周边道路路边停车多,公共停车场匮乏妨碍了一些活动,商店建筑缺少泊位,影响了购销。北京在“七五”期间才组织力量研究、解决停车问题。有些中小城市,当前也可能没发现停车有什么问题,请注意,未雨绸缪,以免措手不及。

1.3 公共交通分担出行比例小

对于单中心的大城市,居住密度大,城市应优先发展公共交通,公共交通人均占用的时空资源少,对环境造成的污染小。然而,各城市的现实情况是,公共交通分担的居民出行比例小。北京、上海应当说公共交通发展比较好,其分担出行比例也不过是35%左右,天津的公交出行比例不到10%。公共交通分担出行比例大体在50%以上比较适当。大城市发展公交的任务很重。

1.4 交通事故多

中国大城市的交通事故,每年绝对数增加,相对数下降,万车事故死亡率为10%左右。2001 年,北京为 8.8 次/万车。城市交通事故偏多,对人民生命安全威胁大。

1.5 行人交通不方便

中国大城市的居民出行中,步行者占 1/3 以上,行人步行在街道上十分不方便,每每过街,左顾右盼,提心吊胆,过街难。人行道上各种线杆、图窗广告、宣传标语,占用行走空间。以人为本,如何体现?

1.6 交通污染严重

交通各城市造成的污染包括废弃排放、噪声和振动,其中尤以废气排放对空气的污染为甚。城市交通是城市空气污染的主要来源。有文献报道,造成大气污染的物质中有 80% 源自汽车废气。城市交通拥挤速度下降加剧了污染程度。有很多业内人士认识到,城市汽车的增加,应以路网容量和环境容量为度。

2 改善城市交通问题的思考

交通问题太复杂,有时有点不敢想,可又不能不想。我思考过如下问题。

2.1　思考问题之一：为什么重蹈覆辙？

中国城市交通发展过程中出现的上述问题，在国外城市交通发展历程中都曾经遇到过，并且分析、提示的文章颇多，为什么我们还要重蹈覆辙？在国内，后发展的城市，为发展城市交通，走出去取经；请交通专家来指导。可是为什么他们仍屡屡被先行城市发展过程中曾出现过的一些问题所困扰？

2.2　思考问题之二：为什么还是那些交通问题？

在交通从业大军中，不乏专家、学者。有实践经验的人众多，为发展、治理城市交通，他们作调查研究，冥思苦想，频频商讨，可谓仁者见仁，智者见智。长期以来，虽然得到了丰硕研究成果，提出了很多真知灼见的建议，应当说也收到了一定交通改善的效果。然而，城市交通问题依然如故，还是那些问题，没得到解决，为什么？

2.3　思考问题之三：出路何在？

面对城市交通问题这个顽症，面对过去我们所做的努力，我认为所以形成上述局面，关键是：对交通发展规律缺乏本质的理解与把握；做交通工作的人群力图解决交通问题，力图以惯用的交通对策解决交通问题。事已至此，我们应当对城市交通问题再认识，变更思路，不要局限以交通论交通，应当从城市规划、城市管理层面论交通。

3　城市规划与交通

城市交通是城市的组成部分，城市规划应对城市交通作出科学的安排。如果城市规划对城市交通留有缺欠，在日后的城市交通发展中会暴露出先天不足。下面提出的问题，城市规划中必须明确回答，而这些问题都与城市交通有密切关系，决定了交通发展方向与规模。

3.1　城市规模、城市形态与交通

城市规模决定了交通需求总量 Q，城市形态关联着路网结构与交通方式。纵观城市发展历史，中小城市交通不拥挤。交通拥挤不畅者多为大城市。1990 年，《中华人民共和国城市规划法》中明确规定：国家实行严格控制大城市规模，合理发展中等城市和小城市的方针，市政当局应当守法，不要盲目追求建设大城市，以免被交通困

扰之苦。

城市形态是指城市空间结构,如中心组团、分散组团、条形、串形等城市样式。大城市不宜采用中心组团形态,宜采用分散组团形式。且各组团要有明确的定位,要有相当的规模,要有充足的就业岗位。过去曾有建卫星城的教训,卫星城规模比较小,不能分担母城的部分功能,加上设施、教育等配套建设跟不上,卫星城没起到应起的分流作用。近十多年,有的城市在郊区大片修建住数万人到数十万人的居民住宅,由于居民的工作岗位没变动,居住新区缺乏工作机会,形成了潮汐交通流,高峰时出现拥堵。

3.2　土地使用与交通

交通规划人员对土地使用与交通的关系做过长期深入的研究,得到许多可供实际应用的结论:土地使用性质,土地开发强度决定了出行生成与出行吸引,决定了交通需求空间分布特征,决定了路网布局与交通系统的发展方向。土地使用定性后,应粗略估算各部分出行生成量 Q_i,进而计算城市交通总需求 Q。

在划分土地使用功能时,应考虑居民就近上班的可能性,也就是说居住用地遍布于各种功能用地之中,不是独立于各种功能用地之外,这种布局不仅减小了客运工作量,而且提高了效率。

此外,确定道路用地面积占城市用地总面积的比例至关重要。道路面积率小,组织交通困难,巧妇难为无米之炊。北京、上海(浦西)道路面积率偏小。上海修了高架路,北京的交通状况一直拥挤,无法令人满意。道路面积率一般以 20% 为宜。

在此阶段,对车站、码头、机场、风景区等某些既定停车场的用地规模,提出具体规划意见,为设计提供依据。

3.3　人口密度与交通

城市规划框定城市总人口。换言之,城市人口总量决定城市规模,决定交通总需求。同理,城市各个组团,各个分区的人口应与其用地规模相匹配。建设部规定,每平方公里用地分布 1 万人。同时考虑到,随着经济的发展,人民生活水平的提高,居民平均出行次数增加,也就是说,要留有余地。

规划论说的城市人口是指常住人口，对非常住人口，也应有考虑。2000 年，北京市流动人口为 308.4 万。流动人口对交通的需求是常住人口的 3 倍左右，这是很棘手的问题。这么巨大量的交通需求，如果在总体规划阶段没有安排，靠交通规划、交通管理，很难满足其交通需求。

有那么多的人居住，就有相应数量的出行，要求有大体相等的交通供给。北京二环路圈内，交通一直难以缓解，与该地区人口密度大有主要关系。城内四区的平均人口密度为 24072 人/km^2，宣武区人口密度为 30799 人/km^2，比规划控制数字高出 1 ~ 2 倍。欲缓解该地区的交通，疏散人口应是首选的根本措施，20 多年的交通进展历程足以佐证。

3.4　检验供需平衡

道路用地率已知，道路网络已定，参考环境要求，应当说城市组团、各分区的交通容量 C_i，城市交通总容量 C 已有定数。

按土地开发强度、容积率推算人口密度，由人口密度推算各组团、各分区的交通需求 Q_i，由 Q_i 算出城市交通总需求 Q。

此时应当检验是否：

$$C_i \approx Q_i$$

$$C \approx Q$$

否则，应予变更规划，使上述关系成立。

4　城市管理与交通

城市交通管理也是城市管理的内容。这里论述交通管理以外的设计到交通的城市管理。

4.1　控制土地使用

按理说，城市规划方案，随意变更土地使用性质的事例并不鲜见。这样打破了原有的平衡，若没建立新条件下的平衡，则出现矛盾就顺理成章了。加强法制观念，我们大家自觉遵守规划法，严格规划文本控制土地使用。

4.2 控制土地开发强度

受利益驱使，开发商千方百计地增大土地开发强度，以获取最大利润。增大开发强度，就是增加出行产生，就是增加交通集中程度，应严加控制。目前，有些城市对土地开发项目实施交通评价，效果较好。交通评价可查核开发强度是否超出规定，可查核配建停车泊位落实情况，可总体评价项目建成后，新增交通周边交通状况造成的影响，针对发现的问题，提出改进措施。

4.3 控制城市人口

城市交通需求主要来源于人群的出行活动。如果城市人口增加超过一定限度，城市的属性发生变化，由小城市变成中等城市，或由中等城市变为大城市。或者出现准备一桌菜，由两桌人来吃，供应不足的情况。城市有关部门应控管人口机械增加，应有计划地安排流动人口。使得实际人口不超过规划人口数过多，使流动人口按计划流动，大体维持计划的平衡状态。

4.4 控制非交通占路

在实际中，非交通占路的现象比较常见，如临街店铺出摊经营，流动小贩沿街卖货，开辟马路市场，堆集施工材料，设立广告牌，竖立各种线杆等。这些都会影响道路功能，影响交通。城市管理部门应负起管理责任，清除非交通占路。

5 交通规划、交通管理

交通规划是在城市规划的基础上编制的。交通规划对城市规划的反馈作用，体现在修订城市规划上。交通规划对城市交通发展方向作出客观预测，对道路网、公交网、交通枢纽、物流中心、停车场站及对外交通作出科学安排。

交通管理是变无序交通为有序交通，通常运用交通系统管理、交通需求管理、智能管理等措施。交通系统管理旨在最大限度地利用现有交通资源。交通需求管理是科学地调度交通需求。智能管理是在交通管理中，尽可能地利用先进的科学技术。

交通规划、交通管理的机动空间有一定限度，光靠技术措施改善城市交通，显得软弱无力，必须结合城市规划、城市管理的功能，才能为城市交通按规律发展找到出路。

受“交通运输工程与信息学报”编辑之邀，对城市交通问题，有上述分析的原因，有经济发展水平问题，此文不再赘述，另文再论。

参 考 文 献

[1] 国务院. 中华人民共和国城市规划法，1990.4.

（原载于《交通工程与信息》2003 年 1 卷 1 期）

交通工程学科三十年

任福田

1979 年，我校创办交通工程专业，至今已经整整三十年了。这三十年是我国思想大解放、经济大发展、文学艺术百花齐放、科学教育争先创新的三十年。在这种环境里，交通工程专业也从无到有壮大起来了。目前，专业设有交通运输规划与管理硕士点、道路与铁道工程硕士点、交通运输规划与管理博士点和博士后流动站，是北京市重点学科，是全国交通工程教学指导委员会主任挂靠单位，在全国 90 多个学校的交通工程专业中，位于前列。交通工程专业每年招一个本科班学生 30 多名，招硕博研究生 40 多名；建有交通研究中心、北京市重点交通工程实验室、交通运输部行业实验室、智能交通关键技术实验室、基本建成教学研究型学科。

三十年过去了，但创办专业中的一些事情仍历历在目，难以忘怀。

一、创办专业的缘起

1978 年下半年，学校提出北京工业大学要培养高层次人才，办其他市属高校没有的新专业。在这种要求下，各专业苦思冥想，争创新专业。土建系的“工业与民用建筑”专业改为“建筑结构”专业，“给水排水”专业改为“水处理”专业，“建筑学专业”改为“建筑与环境专业”。北京建筑工程学院设有“公路与城市道路”专业，我们的“公路与城市道路”专业改办什么专业呢？一时犯了难。当时提出办“道路工程”、“高速公路”、“交通工程”等专业，作为比选专业。

可巧，1979 年 4 月，张秋先生应国务院邀请回国讲学，讲授交通工程，先在同济大学，后移师西安公路学院，听讲者众多，涉及交通规划、设计、管理、科研、学校、工程、运输等部门，我校道桥教研室派蒋璜、肖秋生和我三人前去学习。在一次课堂上，张秋先生说到国内也有些人搞交通工程，出版了书，北京工业大学肖秋生、任福田先生写的《城市道路规划与设计》一书很好。事后了解到，为张先生回国讲学，组织方寄给他有关中文资料，以便熟悉情况，资料中有我们编写的 1976 年出版的《城市道路规划与设计》。国外将这类书，列为交通工程范畴。此后，经过讨论决定选用交通工程专业名称。

张秋先生在上海讲学后，访问我校，樊恭烋校长接见，随后被聘为我校客座教授，每年来校一次，来回国际旅费自付，直到 1993 年。张秋先生在我校设有一、二、三等奖，每年可奖励 5 名学生。鼓励交通工程专业的学生努力学习。

经过一年的准备，于 1980 年招收了中国第一届交通工程专业本科生。

二、明确办学方向

何谓交通工程，交通工程专业学生的培养目标是什么，上哪些课，做几个试验，到什么地方实习……这些都一无所知。英美的专业很宽，在本科阶段没有交通工程专业，土木工程系的学生只学一门交通工程课，在研究生阶段才系统学习交通工程范畴的课程。国内没有可供参考的相关专业，不少同事议论纷纷，述说不懂交通工程，没办法。针对这种情况，我们先确定该专业主要为北京市哪些单位培养毕业生，再调查这些单位的主要业务内容，从而明确学生应具备什么知识结构。据此初步安排了专业教学计划。当时的出发点是不能让学生为难，到工作单位需要的知识学过，学以致用，用人单位也满意。这样的培养目标，按常理而言，没什么大问题，这样制定的教学计划，为一些后续办交通工程专业的教师借为参考。20 世纪 90 年代中，交通工程教学指导委员会在西安开会时，委员们认为北工大交通工程专业的办学方向符合我国实际情况。

专业方向的另一个问题是国外交通工程业务主要是交通规划管理的内容。我们集合国情以及专业对口，认为交通工程专业应包括工程知识，提出“工管”兼容的专业发展方向。因为安全护栏是防撞结构物，其设计要用复杂的工程、力学知识，门架式标志是一个空间结构，路口拓宽是道路工程，调挂信号灯使的杆子是一个悬臂梁。凡此种种学生怎么能不学点工程方面的知识呢？

道路工程是交通工程的基础，人在路上驱车前进，形成交通，没有道路就没有交通。因此在交通工程专业的教学计划中，道路工程是门重要课程，交通工程专业的毕业生若到道路设计部门工作也是对口选择。

同时，对交通工程是什么做出回答。交通工程是研究交通规律及其应用的一门科学技术。

三、建立博士点

创办交通工程专业初期，为专业立命而努力，编教材，写文章，出书，搞科研，在各种场合与关心交通工程命运的人讨论其内涵。1984 年，中国人民警官大学设立交通管理专业；1985 年，西南交通大学、西安公路学院、武汉城建学院设立交通工程专业；1986 年，同济大学开始招收交通工程本科生；1987 年，东南大学开始招收交通工程专业本科生。教育部属高校陆续设立交通工程专业，我们 1980 年招收的第一班学生已毕业从事工作，用人单位满意。从客观上看，国家经济发展很快，大城市出现的交通供不应求的矛盾，越来越多。1985 年，北京在潭柘寺召开首都交通问题研讨会，市委书记、市长亲临指导，至此，实事作出回答，国家需要交通工程专业，不用再考虑办不办的问题，而是需要努力办好专业，培养符合国家发展需要的交通工程专业人才。

1993 年，我校向国务院学位办公室申请交通工程博士授权。当年只有同济大学和北京工业大学两个学校申报，据说只有一个名额。同济有评委参评，结果两个学校都未获批准。1994 年，北京工业大学在北京主持召开了世界非机动车交通研讨会，有 20 多个国家，90 多名代表参加，会议很成功，扩大了北京工业大学交通工程专业在世界同行中的影响。1995 年，再次申报博士点，这次有 4 个学校申报，北京工业大学、同济大学、东南大学、西安公路学院。这次评选增加了函评程序。先通讯评议，得分最高者，再拿到会上评定。我们得分最高理应上会。不知何故，经一番交涉，最后把 4 个学校的申请都拿到会上评议。我们和西安公路学院没有评委参评，经过几番评议，最终仍未达成一致意见，又没评出来。预示评审组提议请学位办公室处理此事。会后学位办又经过函评，批准北京工业大学、同济大学、东南大学三校都设交通工程博士点，这时已到了1996年。

申办博士点的过程虽然多磨，但创造申请博士点的条件更艰巨，博士点要具有三个稳定的学科方向，每个方向要有学科带头人，要有科研项目、论文、译著、奖项，并要论及数量及质量。当时，交通工程学科组的人员本来不多，1988年一部分教师认为交通工程专业没前途，离开交通工程另谋高就，只剩下8个教师，再减去国外进修者两人，实际上仅有6个人支撑交通工程专业的建设重担，后来陆续又招聘了几个教师。值得高兴的是大家目标明确，拧成一股绳，按申请要求一项一项地去落实、教课、科研、写文章，有条不紊，不觉苦，不喊累，乐在其中。又经过5年奋斗，具备了申报交通工程博士点的条件。又经过3年努力，终于首批获得博士学位授予权。

四、结论

从创办交通工程专业到专业站稳脚跟，大约花了14年时间，申办交通工程博士点用了3年时间。想想看，办件事是多么的难。但只要目标明确，脚踏实地地去逼近，不达目的不罢休，要舍得花力气，要耐得住讥讽，终于会取得成功。

创办专业，办好一个专业需要一个群体。樊恭烋、王浒、蔡少甫、左铁镛几任校长都从战略高度支持办好交通工程专业。樊校长要求创办新专业，为申请交通工程博士点曾写信给教育部部长朱开轩，希望评审博士点的过程公平、公正。在当年创办的一些新专业相继下马时，对待办交通工程专业的意见分歧加大了。当时蔡校长只同意某些教师离开交通工程专业，并未停办交通工程专业，否则就没有交通工程的今天。土建系主任孙定忠，同我们一起做用人需求调查，具体解决办学过程中的问题。1979年，蒋璜教授73岁，已届古稀之年，为适应交通工程专业教学、科研需要，跟青年教师一同随班听课学习数理统计、概率论。1982年招收了两名交通工程硕士研究生。肖秋生教授始终如一，精心建设专业，时刻标定交通工程专业发展方向，编制恰当的教学计划。刘小明是1988年留校的青年教师，学习勤奋，主动承担工作。在我接近退休年龄时，自然要做退休准备。见此迹象，刘小明积极鼓励我去申请科研题目，领着大家干，争取创建博士点。在学科建设过程中，他做了很多出色的工作。

判断某个事物是否能成立，是否有发展前途，不能依据自己的好恶，不能凭主观臆想，而是要分析社会是否需要。需要就有前途，会从无到有，从小到大，否则一时看似轰轰烈烈的事情，随着时间的推移，也会灭亡。行事应少一点儿主观，多一些客观，顺势而动，勿逆势而行。识时务，明方向，认规律，才是正道。

北京工业大学交通工程专业的成长、发展过程得到了国内外很多友人的真诚帮助，衷心地谢谢他们。

始终努力创办交通工程事业的同事们，你们付出了辛劳，谢谢您们；也祝贺您们，我们办成了一件事。

二○○九年九月

（原载于《风雨征程五十载》，李荣主编，北京工业大学出版社，2010 年）